测量平差实训指导

主　编　谭立萍　黄富勇
副主编　张齐周　钟迎春　宋　琪　唐　均

U0227170

科学技术文献出版社
SCIENTIFIC AND TECHNICAL DOCUMENTATION PRESS

·北京·

图书在版编目（CIP）数据

测量平差实训指导/谭立萍，黄富勇主编．—北京：科学技术文献出版社，2016.8
ISBN 978-7-5189-1637-5

Ⅰ.①测…　Ⅱ.①谭…　②黄…　Ⅲ.①测量平差—高等职业教育—教学参考资料
Ⅳ.①P207

中国版本图书馆 CIP 数据核字（2016）第 141982 号

测量平差实训指导

策划编辑：赵　斌　　责任编辑：赵　斌　　责任校对：赵　瑗　　责任出版：张志平

出　版　者　科学技术文献出版社
地　　　址　北京市复兴路 15 号　邮编　100038
编　务　部　(010) 58882938，58882087（传真）
发　行　部　(010) 58882868，58882874（传真）
邮　购　部　(010) 58882873
官　方　网　址　www.stdp.com.cn
发　行　者　科学技术文献出版社发行　全国各地新华书店经销
印　刷　者　北京高迪印刷有限公司
版　　　次　2016 年 8 月第 1 版　2016 年 8 月第 1 次印刷
开　　　本　787×1092　1/16
字　　　数　172 千
印　　　张　7.75
书　　　号　ISBN 978-7-5189-1637-5
定　　　价　25.00 元

前　言

本教材是在编者总结多年高职高专教学改革成功经验的基础上，结合我国测绘专业的基本情况，按照测绘专业高职高专人才培养的特点编写。

测量平差是高职高专建筑工程专业及其相关专业的一门专业基础课程，是专业核心能力模块的重要组成部分。教材编写紧紧围绕专业人才培养目标，坚持"必需、够用"的原则，合理设置教材内容。教材结构设计充分体现职业教育"就业导向，能力本位"的指导思想，体现以职业素质为核心的全面素质教育培养。本教材侧重于对条件平差、间接平差和误差椭圆知识的讲解，并介绍了近代误差理论和测量平差方法的其他相关知识，为学习相关后续课程打下基础。

《测量平差实训指导》作为《测量平差》的配套教材，侧重于培养学生测量基础平差的解算及数据处理能力，以实际问题为载体构建了条件平差、间接平差和误差椭圆等多个学习任务。教材编写坚持以"应用"为目的，以"必需、够用"为原则，从而满足学生职业生涯发展的需求，适应测绘、交通、建筑等工程单位测量岗位的要求。为使本教材具有较强的技能性、实用性和先进性，编写人员多次深入施工现场，与现场施工技术人员进行探讨，征求了部分测绘单位和施工单位专家的意见，力求突出高职高专教育的特点，注重理论与实践相结合，尤其强调学生实际动手能力的培养。

本教材由辽宁省交通高等专科学校谭立萍、辽宁建筑职业技术学院黄富勇担任主编；由广东工贸职业技术学院张齐周、湖南安全技术职业学院钟迎春、齐齐哈尔理工职业学院宋琪、甘肃工业职业技术学院唐均担任副主编。全书由谭立萍负责统稿。

由于编者水平有限，书中难免存在缺点和疏忽，敬请读者批评指正。

目　　录

项目一 测量误差理论

1.1 知识点汇编

1.1.1 测量误差

$$测量误差（\Delta）= 真值 - 观测值$$

1.1.2 真误差

当仅含偶然误差时，被观测值（n 维向量 L）的数学期望表示该观测值的真值，则有：

$$\Delta = E(L) - L$$

1.1.3 中误差

根据一组等精度独立真误差计算方差和中误差估值的基本公式为：

$$\sigma^2 = \frac{[\Delta\Delta]}{n}, \sigma = \sqrt{\frac{[\Delta\Delta]}{n}}$$

1.1.4 极限误差

$$\Delta_{限} = 3\sigma$$

1.1.5 相对误差

$$K = \frac{\sigma}{L} = \frac{1}{N}$$

1.1.6 误差来源

观测误差的产生原因很多，概括起来有 3 个方面：测量仪器、观测者、外界条件。

1.1.7 误差分类

观测误差按其对观测成果的影响性质，可分为粗差、系统误差、偶然误差 3 种。

1.1.8 测量平差的任务

（1）对一系列带有观测误差的观测值，运用概率统计的方法来消除它们之间的不符值，求出未知量的最可靠值。

（2）评定测量成果的精度。

1.2 技能测试

1.2.1 技能测试题

（1）什么叫测量误差？产生测量误差的原因有哪些？

（2）系统误差、偶然误差各自有什么特性？并举例说明。

（3）试述粗差的特点及处理办法。

1.2.2 技能测试题答案

（1）对某量（如某一个角度、某一段距离或某两点间的高差等）进行多次观测，所得的各次观测结果存在着差异，实质上表现为每次测量所得的观测值与该量真值之间的差值，此差值称为测量误差，也称观测误差，即：

$$测量误差（\Delta）= 真值 - 观测值$$

测量误差主要来源于 3 个方面：测量仪器、观测者、外界条件。

（2）系统误差的特性是测量结果向一个方向偏离，其数值按一定规律变化，具有重复性、单向性。例如，角度测量时，经纬仪的视准轴不垂直于横轴而产生的视准轴误差；水准尺刻画不精确所引起的读数误差；测角时，因大气折光而产生的角度误差；钢尺量距时，外界温度与仪器检定时温度不一致所引起的距离差；观测者照准目标时，总是习惯于偏向中央某一侧而产生的误差。

偶然误差的特性是误差的大小及符号都表现出偶然性、随机性，即从单个误差来看，该误差的大小及符号没有规律，但从大量误差的总体来看，具有一定的统计规律。例如，水准测量读数时，估读不准确而产生的误差；钢尺量距时，对点不准确而引起的误差；观测者照准目标时，时而偏向左侧、时而偏向右侧所产生的误差；经纬仪测角时，测回间的对中误差等。

（3）粗差是一种大量级的观测误差。在测量成果中，是不允许粗差存在的。一旦发现粗差，该观测值必须舍弃或重测。处理粗差的办法主要有以下两种。

①超过 3σ 的测量值是其他因素或过失造成的，为异常数据，应当剔除。

②进行必要的重复观测和多余观测，通过必要而又严格的检核、验算等方式均可发现粗差。

项目二 精度指标与误差传播

2.1 知识点汇编

2.1.1 观测向量的精度表示

观测向量 L 的精度一般是用方差矩阵 D_{LL} 表示，其具体形式为：

$$D_{LL} = \begin{bmatrix} \sigma_1^2 & \sigma_{12} & \cdots & \sigma_{1n} \\ \sigma^{12} & \sigma_2^2 & \cdots & \sigma_{2n} \\ \cdots & \cdots & \cdots & \cdots \\ \sigma_{n1} & \sigma_{n2} & \cdots & \sigma_n^2 \end{bmatrix}$$

式中：主对角线上的元素为相应观测的方差，表示其精度；其余元素为观测值相应的协方差，表示观测量之间的误差相关关系。如果协方差 $\sigma_{xy} = 0$，表示这两个（或两组）观测值为独立观测值；如果协方差不为 0，则表示这两个（或两组）观测值为相关观测值组。

2.1.2 非线性函数的线性化

若 Z 是观测值 X_n 的函数，一般形式为：

$$Z = f(X_1, X_2, \cdots, X_n)$$

则：

$$dZ = \left(\frac{\partial f}{\partial X_1}\right)_0 dX_1 + \left(\frac{\partial f}{\partial X_2}\right)_0 dX_2 + \cdots + \left(\frac{\partial f}{\partial X_n}\right)_0 dX_n = K dX$$

其中：

$$K = \begin{bmatrix} k_1 & k_2 & \cdots & k_n \end{bmatrix} = \begin{bmatrix} \left(\frac{\partial f}{\partial X_1}\right)_0 & \left(\frac{\partial f}{\partial X_2}\right)_0 & \cdots & \left(\frac{\partial f}{\partial X_n}\right)_0 \end{bmatrix}$$

非线性函数的线性化即对非线性函数进行全微分。

2.1.3 误差传播律

（1）一般形式为：

$$D_{ZZ} = K D_{XX} K^T$$

（2）若有 X 的线性函数为：

$$Z = k_1 X_1 + k_2 X_2 + \cdots + k_n X_n + k_0$$

则误差传播律为：

$$D_{ZZ} = \sigma_Z^2 = K D_{XX} K^T$$

D_{ZZ}的纯量形式为：

$$D_{ZZ} = \sigma_Z^2 = k_1^2 \sigma_1^2 + k_2^2 \sigma_2^2 + \cdots + k_n^2 \sigma_n^2 + 2k_1 k_2 \sigma_{12} + 2k_1 k_3 \sigma_{13} + \cdots + 2k_1 k_n \sigma_{1n} + \cdots + 2k_{n-1} k_n \sigma_{n-1,n}$$

当向量中的各分量 $X_i (i = 1, 2, \cdots, n)$ 两两独立时，它们之间的协方差 $\sigma_{ij} = 0$，则有：

$$D_{ZZ} = \sigma_Z^2 = k_1^2 \sigma_1^2 + k_2^2 \sigma_2^2 + \cdots + k_n^2 \sigma_n^2$$

（3）若有 X 的 t 个线性函数 $\underset{t \times 1}{Z} = \underset{t \times n}{K} \underset{n \times 1}{X} + \underset{t \times 1}{K_0}$ 和 s 个线性函数 $\underset{s \times 1}{W} = \underset{s \times n}{F} \underset{n \times 1}{X} + \underset{s \times 1}{F_0}$，则有：

$$\underset{t \times t}{D_{ZZ}} = \underset{t \times n}{K} \underset{n \times n}{D_{XX}} \underset{t \times 1}{K^T}, \quad \underset{s \times s}{D_{WW}} = \underset{s \times n}{F} \underset{n \times n}{D_{XX}} \underset{n \times s}{F^T}, \quad \underset{t \times s}{D_{ZW}} = \underset{t \times n}{K} \underset{n \times n}{D_{XX}} \underset{n \times s}{F^T}$$

2.1.4　应用协方差传播律的步骤

（1）按要求写出函数式，如：

$$Z_i = f_i(X_1, X_2, \cdots, X_n), i = 1, 2, \cdots, t$$

（2）如果为非线性函数，则对函数式求全微分，得：

$$\mathrm{d}Z_i = \left(\frac{\partial f_i}{\partial X_1}\right)_0 \mathrm{d}X_1 + \left(\frac{\partial f_i}{\partial X_2}\right)_0 \mathrm{d}X_2 + \cdots + \left(\frac{\partial f_i}{\partial X_n}\right)_0 \mathrm{d}X_n, i = 1, 2, \cdots, t$$

（3）写成矩阵形式：

$$Z = KX \text{ 或 } \mathrm{d}Z = K\mathrm{d}X$$

（4）应用协方差传播律求方差或协方差阵。

2.1.5　算术平均值的中误差

N 个同精度独立观测值的算数平均值 x 的中误差，等于各观测值的中误差除以 $\sqrt{N}$，即：

$$\sigma_x = \frac{\sigma}{\sqrt{N}}$$

2.1.6　水平测量中计算高差中误差的基本公式

（1）当各测站高差的观测精度相同时，水平测量高差的中误差与测站数的平方根成正比，即：

$$\sigma_{h_{AB}} = \sqrt{N} \sigma_{\text{站}}$$

（2）当各测站的距离大致相等时，水准测量高差的中误差与距离的平方根成正比，即：

$$\sigma_{h_{AB}} = \sqrt{S} \sigma_{\text{千米}}$$

2.1.7　导线测量中坐标方位角中误差的计算公式

指导线中第 N 条导线边的坐标方位角（α）的中误差，等于各转折角（β）中误差的 $\sqrt{N}$ 倍，即：

$$\sigma_{\alpha_N} = \sqrt{N} \sigma_{\beta}$$

2.1.8　面坐标测量中点位方差的计算公式

$$\sigma_P^2 = \sigma_S^2 + \frac{S^2}{\rho^2} \sigma_{\beta}^2$$

式中：通常称 σ_S^2 为纵向方差，它是由 BP 边长方差引起的；在 BP 边的垂直方向的方差，即：

$$\sigma_u^2 = \frac{S^2}{\rho^2}\sigma_\beta^2$$

称为横向方差，它是由 BP 边坐标方位角方差引起的。

2.1.9　三角高程测量中高差中误差的计算公式

$$\sigma_h = \sqrt{\tan^2\alpha\,\sigma_D^2 + \left(\frac{D}{\rho''}\sec^2\alpha\right)^2\sigma_\alpha^2}$$

式中：D 为两点间的水平距离；α 为垂直角；ρ'' 用于角度与弧度的换算，以秒为单位。

2.1.10　权的定义

$$p_i = \frac{\sigma_0^2}{\sigma_i^2}$$

观测值的权与其方差成反比。

2.1.11　水准测量的权

（1）当各测站点的观测高差是同精度时，各路线的权与测站数成反比，即：

$$p_i = \frac{\sigma_0^2}{\sigma_i^2} = \frac{c}{N_i}$$

（2）当每千米观测高差为同精度时，各路线观测高差的权与水准路线的长度成反比，即：

$$p_i = \frac{\sigma_0^2}{\sigma_i^2} = \frac{c}{S_i}$$

2.1.12　三角高程测量的权

三角高程测量的权与两点间水平距离的平方成反比，即：

$$p_h = \frac{c^2}{D^2}$$

2.1.13　算术平均值的权

由不同次数的同精度观测值所算得的算术平均值，其权与观测次数成正比，即：

$$p_i = \frac{\sigma_0^2}{\sigma_i^2} = \frac{N_i}{c}, i = 1, 2, \cdots, n$$

2.1.14　协因数与协因数传播律

协因数公式为：

$$Q_1 = \frac{\sigma_i^2}{\sigma_0^2}$$

设有观测值向量 X 的线性函数为：

$$\begin{cases} Z = KX + K_0 \\ W = FX + F_0 \end{cases}$$

则有：

$$\begin{cases} Q_{ZZ} = KQ_{XX}K^T \\ Q_{WW} = FQ_{XX}K^T \\ Q_{ZW} = KQ_{XX}K^T \\ Q_{WZ} = FQ_{XX}K^T \end{cases}$$

这就是观测值协因数阵与其线性函数协因数阵的关系式，通常称为协因数传播律，也称为权逆阵传播律。

2.1.15　权倒数传播律

权倒数传播律即独立观测值权倒数与其函数权倒数之间的关系式：

$$Q_{zz} = \frac{1}{P_z} = \left(\frac{\partial f}{\partial L_1}\right)^2 \frac{1}{p_1} + \left(\frac{\partial f}{\partial L_2}\right)^2 \frac{1}{p_2} + \cdots + \left(\frac{\partial f}{\partial L_n}\right)^2 \frac{1}{p_n}$$

2.1.16　菲列罗公式

$$\hat{\sigma} = \sqrt{\frac{[\omega\omega]}{3n}}$$

式中：ω 为三角形闭合差。在传统的三角形测量中经常用菲列罗式来初步评定测角的精度。

2.1.17　往返观测值的中误差

同精度往返观测值中误差及算术平均值中误差的计算公式分别为：

$$\hat{\sigma}_L = \frac{\hat{\sigma}_d}{\sqrt{2}} = \sqrt{\frac{[dd]}{2n}}$$

$$\hat{\sigma}_X = \frac{1}{2}\sqrt{\frac{[dd]}{n}}$$

式中：d 为往返观测值的差数。

2.2　技能测试

2.2.1　技能测试题

（1）偶然误差具有哪些性质？

（2）研究偶然误差有哪些意义？

（3）偶然误差的数学期望是什么？

（4）简述精度、准度、精准度的区别与联系。

（5）试述中误差、极限误差、相对误差的含义和区别。

（6）观测值函数中误差与观测值中误差存在什么关系？

（7）试述权与方差的区别与联系。

（8）在水准测量中，每一测站观测的中误差均为 $\pm 3mm$，要求从已知水准点推测待定点的高程中误差不大于 $\pm 5mm$，问最多能设多少站？

（9）对于某一矩形场地，量得其长度 $a = 156.34m \pm 0.1m$，宽度 $b = 85.27m \pm 0.05m$，计算该矩形场地的面积 P 及其中误差 σ_P。

（10）Z 为独立观测值 L_1、L_2、L_3 的函数，$Z = \dfrac{2}{9}L_1 + \dfrac{2}{9}L_2 + \dfrac{5}{9}L_3$，已知 L_1、L_2、L_3 的中误差为 $\sigma_1 = 3mm$，$\sigma_2 = 2mm$，$\sigma_3 = 1mm$，求函数 Z 的中误差 σ_Z。

（11）设有观测值 $X = \begin{bmatrix} X_1 & X_2 \end{bmatrix}^T$ 的两组函数为：

$$\begin{cases} Y_1 = X_1 - 2X_2^2 \\ Y_2 = 2X_1^2 + 3 \end{cases}, \quad \begin{cases} Z_1 = 2X_1 - X_2 \\ Z_2 = 6X_2^2 + 5 \end{cases}$$

已知 $D_X = \begin{bmatrix} 2 & -1 \\ -1 & 2 \end{bmatrix}$，令 $Y = \begin{bmatrix} Y_1 & Y_2 \end{bmatrix}^T$，$Z = \begin{bmatrix} Z_1 & Z_2 \end{bmatrix}^T$，试求 D_Y、D_Z、D_{YZ}。

（12）已知独立观测值 $\underset{2 \times 1}{L}$ 的方差阵 $D_L = \begin{bmatrix} 16 & 0 \\ 0 & 8 \end{bmatrix}$，其单位权方差等于 2，试求权阵 P_L 及权 p_1 和 p_2。

（13）已知相关观测值 $\underset{2 \times 1}{L}$ 的方差阵 $D_L = \begin{bmatrix} 5 & -2 \\ -2 & 4 \end{bmatrix}$，其单位权方差等于 1，试求权阵 P_L 及权 p_1 和 p_2。

（14）已知观测值向量 L，其协因数阵为单位阵，并有：

$$V = B\hat{x} - l, \quad B^T B\hat{x} - B^T l = 0, \quad \hat{x} = (B^T B)^{-1} B^T l, \quad \hat{L} = L + V$$

式中：B 为已知的系数阵，$B^T B$ 为可逆矩阵。试求协因数阵 $Q_{\hat{x}\hat{x}}$、Q_{VV}、$Q_{\hat{L}\hat{L}}$。

（15）对 8 条边长进行等精度双次观测，观测结果如表 2-1 所示，取每条边两次观测的算术值作为该边的最可靠值，求观测值中误差和每边最可靠值的中误差。

表 2-1　边长等精度双次观测值数据

编号	L'（m）	L''（m）	d（mm）	dd（mm²）
1	103.478	103.482	−4	16
2	99.556	99.534	22	484
3	100.378	100.382	−9	81
4	101.763	101.742	21	441
5	103.350	103.343	7	49
6	98.885	98.876	9	81
7	101.004	101.014	−10	100
8	102.293	102.285	8	64
—	—	—		$[dd] = 1316mm^2$

2.2.2 技能测试题答案

（1）偶然误差特性如下。

①在一定的观测条件下，偶然误差的绝对值不会超过一定的限值，也称有界性。

②绝对值小的误差比绝对值大的误差出现的机会多，也称单峰性。

③绝对值相等的正、负误差出现的机会基本相等，也称对称性。

④偶然误差的算术平均值随着观测次数的无限增加而趋于零，也称补偿性。

（2）偶然误差是制定测量限差的依据，也是判断系统误差（粗差）的依据。

（3）偶然误差的理论平均值为零，即：

$$\lim_{n \to \infty} \frac{[\Delta]}{n} = 0$$

（4）精度反映的是该组观测值与其理论平均值（即数学期望）的接近程度。也可以说，精度是以观测值自身的平均值为标准的，是衡量偶然误差大小程度的指标。

准度是指随机变量 X 的真值 $\tilde{X}$ 与其数学期望 $E(X)$ 之差，表征了观测结果系统误差大小的程度，是衡量系统误差大小程度的指标。

精准度是精度和准度的总称，反映了偶然误差和系统误差联合影响的大小程度，是一个全面衡量观测质量的指标。

（5）中误差 σ 作为衡量精度的指标，代表一组同精度观测误差平方平均值的平方根极限值。

一般以 3 倍中误差作为偶然误差的极限值 $\Delta_{限}$，并称为极限误差。

相对误差是误差的绝对值与观测值本身的比值，即：

$$K = \frac{\sigma}{L} = \frac{1}{N}$$

（6）观测值函数中误差与观测值中误差遵循协方差传播律，即：

$$D_{ZZ} = \sigma_Z^2 = K D_{XX} K^T$$

D_{ZZ} 的纯量形式为：

$$D_{ZZ} = \sigma_Z^2 = k_1^2 \sigma_1^2 + k_2^2 \sigma_2^2 + \cdots + k_n^2 \sigma_n^2 + 2k_1 k_2 \sigma_{12} + 2k_1 k_3 \sigma_{13} + \cdots + 2k_1 k_n \sigma_{1n} + \cdots + 2k_{n-1} k_n \sigma_{n-1,n}$$

当向量中的各分量两两独立时，它们之间的协方差 $\sigma_{ij} = 0$，此时上式为：

$$D_{ZZ} = \sigma_Z^2 = k_1^2 \sigma_1^2 + k_2^2 \sigma_2^2 + \cdots + k_n^2 \sigma_n^2$$

（7）方差是表示精度的一个绝对数字特征，一定的观测条件就对应着一定的误差分布，而一定的误差分布就对应着一个确定的方差（或中误差）。权是表示精度的一个相对数字特征，即通过方差之间的比例关系来衡量观测值之间精度的高低。

（8）解：为了满足精度要求，令最多可设 N 站，则：

$$N \sigma_{站}^2 = N \times 3^2 = 9N \leqslant 5^2$$

$$N \leqslant \frac{25}{9} \approx 2.8$$

因此，最多只能设 2 站。

（9）解：矩形场地面积的函数式为：

$$P = ab$$

其面积为：

$$P = ab = 156.34 \times 85.27 = 133\ 331.11 \text{m}^2$$

对面积表达式进行权微分得：

$$dP = bda + adb$$

则根据协方差传播律有：

$$\sigma_P^2 = b^2 \sigma_a^2 + a^2 \sigma_b^2$$

将各数值代入可得：

$$\sigma_P^2 = 85.27^2 \times 0.10^2 + 156.34^2 \times 0.05^2 = 133.82 \text{m}^2$$

$$\sigma_P = 11.57 \text{m}^2$$

则面积中误差为 ± 11.57m²。

（10）解：根据协方差传播律有：

$$\sigma_Z^2 = \left(\frac{2}{9}\right)^2 \times 3^2 + \left(\frac{2}{9}\right)^2 \times 2^2 + \left(\frac{5}{9}\right)^2 \times 1^2 = \frac{77}{81} \text{mm}^2$$

则函数 Z 的中误差：

$$\sigma_Z = 0.97 \text{mm}$$

（11）解：对两组非线性函数全微分可得：

$$\begin{cases} dY_1 = dX_1 - 4X_2 dX_2 \\ dY_2 = 4X_1 dX_1 \end{cases}, \quad \begin{cases} dZ_1 = 2dX_1 + dX_2 \\ dZ_2 = 12X_2 dX_2 \end{cases}$$

则有：

$$D_Y = \begin{bmatrix} 1 & -4X_2 \\ 4X_1 & 0 \end{bmatrix} \begin{bmatrix} 2 & -1 \\ -1 & 2 \end{bmatrix} \begin{bmatrix} 1 & -4X_2 \\ 4X_1 & 0 \end{bmatrix}^T$$

$$= \begin{bmatrix} 32X_2^2 + 8X_2 + 2 & 8X_1 + 16X_1 X_2 \\ 8X_1 + 16X_1 X_2 & 32X_1^2 \end{bmatrix}$$

$$D_Z = \begin{bmatrix} 2 & 1 \\ 0 & 12X_2 \end{bmatrix} \begin{bmatrix} 2 & -1 \\ -1 & 2 \end{bmatrix} \begin{bmatrix} 2 & 1 \\ 0 & 12X_2 \end{bmatrix}^T$$

$$= \begin{bmatrix} 6 & 0 \\ 0 & 288X_2^2 \end{bmatrix}$$

$$D_{YZ} = \begin{bmatrix} 1 & -4X_2 \\ 4X_1 & 0 \end{bmatrix} \begin{bmatrix} 2 & -1 \\ -1 & 2 \end{bmatrix} \begin{bmatrix} 2 & 1 \\ 0 & 12X_2 \end{bmatrix}^T$$

$$= \begin{bmatrix} 3 & -12X_2 - 96X_2^2 \\ 12X_1 & -48X_1 X_2 \end{bmatrix}$$

（12）解：由公式 $D_L = \sigma_0^2 Q_L$，得：

$$Q_L = \begin{bmatrix} 8 & 0 \\ 0 & 4 \end{bmatrix}$$

又由公式：

$$P_L = Q_L^{-1} = \begin{bmatrix} \dfrac{1}{8} & 0 \\ 0 & \dfrac{1}{4} \end{bmatrix}$$

可得：

$$P_1 = \frac{1}{8}, \ P_2 = \frac{1}{4}$$

（13）解：由公式 $D_L = \sigma_0^2 Q_L$，得：

$$Q_L = \begin{bmatrix} 5 & -2 \\ -2 & 4 \end{bmatrix}$$

由此协因数阵可知：

$$p_1 = \frac{1}{5}, \ p_2 = \frac{1}{4}$$

又由公式得：

$$P_L = Q_L^{-1} = \begin{bmatrix} 5 & -2 \\ -2 & 4 \end{bmatrix}^{-1} = \begin{bmatrix} \dfrac{1}{4} & \dfrac{1}{8} \\ \dfrac{1}{8} & \dfrac{5}{16} \end{bmatrix}$$

（14）解：由协因数传播律得：

$$Q_{\hat{X}\hat{X}} = (B^T B)^{-1}$$
$$Q_{VV} = -B(B^T B)^{-1} B^T + I$$
$$Q_{\hat{L}\hat{L}} = B(B^T B)^{-1} B^T$$

（15）解：

$$\hat{\sigma}_L = \sqrt{\frac{[dd]}{2n}} = \sqrt{\frac{1316}{2 \times 8}} = 9.07\,\text{mm}$$

$$\hat{\sigma}_X = \frac{\hat{\sigma}_L}{\sqrt{2}} = \frac{1}{2}\sqrt{\frac{[dd]}{n}} = 6.41\,\text{mm}$$

观测值中误差为 ±9.07mm，每边最可靠的中误差为 ±6.41mm。

项目三　平差数学模型与最小二乘原理

3.1　知识点汇编

3.1.1　平差模型

（1）平差的函数模型

$$\begin{cases} F(\underset{n\times1}{\tilde{L}}, \underset{u\times1}{\tilde{X}}) = \underset{c\times1}{0} \\ \Phi(\underset{u\times1}{\tilde{X}}) = \underset{s\times1}{0} \end{cases}$$

方程的个数就是 $c+s=r+u$，也就是一般条件方程的个数 c 与参数的限制条件方程个数 s 之和，必须等于多余观测数 r 与相应参数的个数 u 之和。如果 $c+s<r+u$，则表明少列了某些条件方程，这样平差后求得的结果将无法使该几何模型完全闭合；如果 $c+s>r+u$，则表示所列的条件存在线性相关的情况，这将造成解点上的困难。这一模型的自由度为 $d_f=r=c+s-u$。

线性化后，概括平差的函数模型为：

$$\underset{c\times n}{A}\,\underset{n\times1}{\tilde{L}} + \underset{c\times u}{B}\,\underset{u\times1}{\tilde{X}} + \underset{c\times1}{A_0} = \underset{c\times1}{0}$$

$$\underset{s\times u}{C}\,\underset{u\times1}{\tilde{X}} + \underset{s\times1}{W_x} = \underset{s\times1}{0}$$

式中：A_0 为常数量。也即：

$$\underset{c\times n}{A}\,\underset{n\times1}{\tilde{\Delta}} + \underset{c\times u}{B}\,\underset{u\times1}{\hat{x}} + \underset{c\times1}{W} = 0, W = F(L, X^0)$$

$$\underset{c\times u}{C}\,\underset{u\times1}{\tilde{x}} + \underset{s\times1}{W_x} = 0, W_x = \phi(X^0)$$

这里 $c=r+u-s$，$c>r$，$c>u$，$u>s$；$\tilde{L}=L+\Delta$，$\hat{X}=X^0+\tilde{x}$（X^0 仍然为参数 $\tilde{L}$ 及 $\tilde{X}$ 的近似值，Δ、$\tilde{x}$ 分别为参数的真误差）。系数矩阵的秩分别为：

$$R(A)=c, R(B)=u, R(C)=s$$

以平差值（最或然值）代替真值，残差代替真误差，即 $\tilde{L}=L+V$，$\tilde{X}=X^0+\hat{x}$（X^0 仍然为非随机量，$\tilde{L}$、V 和 $\hat{x}$ 是随机量）代替 $\tilde{L}=L+\Delta$，$\hat{X}=X^0+\tilde{x}$，则函数模型为：

$$\underset{c\times n}{A}\,\underset{n\times1}{V} + \underset{c\times u}{B}\,\underset{u\times1}{\hat{x}} + \underset{c\times1}{W} = 0, W = F(L, X^0)$$

$$\underset{s\times u}{C}\,\underset{u\times1}{\hat{x}} + \underset{s\times1}{W_x} = 0$$

（2）平差的随机模型

$$D = \sigma_0^2 Q = \sigma_0^2 P^{-1}$$

（3）平差方法

1）条件平差法：$u=0$。

无参数，$c=r$，平差值条件方程为 $A\hat{L}+A_0=0$，误差条件方程为 $AV+W=0$，n 个条件方程。

2）间接平差法：$u=t$

t 个参数，$c=r+u=r+t=n$，误差方程为 $V=B\hat{x}-l$，n 个误差方程。

3）附有参数的条件平差法：$u<t$

u 个参数，$c=r+u$，$AV+B\hat{x}+W=0$，$C\hat{x}+W_x=0$，$r+u$ 个条件方程。

4）附有限制条件的间接平差法：$u>t$

u 个参数，$c=r+u=r+(t+s)=n+s$，$V+B\hat{x}-l$，$C\hat{x}+W_x=0$，$n+s$ 个误差方程。

3.1.2　条件平差法

（1）条件平差的主要公式

1）条件方程

$$AV+W=0$$

式中：

$$W=AL+A_0$$

2）改正数方程

$$V=P^{-1}A^TK$$

3）法方程

$$N_{aa}K+W=0$$

式中：

$$N_{aa}=AP^{-1}A^T$$

4）平差值

$$\hat{L}=L+V$$

（2）精度评定

1）单位权中误差公式

$$\hat{\sigma}_0=\sqrt{\dfrac{V^TPV}{n-t}}$$

2）平差值函数 $\hat{\Phi}=F^T\hat{L}$ 的权倒数计算公式

$$Q_{\hat{\Phi}\hat{\Phi}}=F^TQ_{\hat{L}\hat{L}}F$$
$$=F^TP^{-1}F-F^TP^{-1}A^TN_{aa}^{-1}AP^{-1}F$$
$$=F^TP^{-1}F+F^TP^{-1}A^Tq$$

式中：转化系数 q 由方程 $N_{aa}q+AP^{-1}F=0$ 解出。

3.1.3　间接平差

（1）间接平差的主要公式

1）误差方程

$$V=B\hat{x}-l$$

2）未知数方程

$$B^T PV = 0$$

式中：

$$l = L - (BX^0 + d)$$

3）法方程

$$N_{bb}\hat{x} - W_x = 0$$

式中：

$$N_{bb} = B^T PB, \ W_x = B^T Pl$$

4）法方程的解

$$\hat{x} = N_{bb}^{-1} W_x$$

5）解向量的协因数阵

$$Q_x = N_{bb}^{-1}$$

（2）精度评定

1）$V^T PV$ 的计算公式

$$V^T PV = (B\hat{x} - l)P(B\hat{x} - l)$$
$$= \hat{x}B^T PB\hat{x} - x^T B^T Pl - l^T PB\hat{x} - l^T Pl$$
$$= (N_{bb}^{-1} W_x)^T N_{bb}(N_{bb}^{-1} W_x) - (N_{bb}^{-1} W_x)^T W_x - W_x^T(N_{bb}^{-1}W) + l^T Pl$$
$$= l^T Pl - W_x^T N_{bb}^{-1} W_x$$
$$= l^T Pl - (N_{bb}\hat{x})^T \hat{x}$$
$$= l^T Pl - \hat{x}^T N_{bb}\hat{x}$$

2）单位权中误差公式

$$\hat{\sigma}_0 = \sqrt{\dfrac{V^T PV}{n - t}}$$

3）关于观测值 L 的函数

$$L = L$$
$$\hat{x} = N_{bb}^{-1} B^T PL$$
$$V = B\hat{x} - l = (N_{bb}^{-1} B^T P - I)L$$
$$\hat{L} = L + V = N_{bb}^{-1} B^T PL$$

根据协因数传播律，可得到：

$$Q_{LL} = Q_{ll} = Q$$
$$Q_{L\hat{x}} = QPBN_{bb}^{-1} = BN_{bb}^{-1}$$
$$Q_{LV} = Q(PBN_{bb}^{-1}B^T - I) = BN_{bb}^{-1}B^T - Q$$
$$Q_{\hat{L}L} = QPBN_{bb}^{-1}B^T = BN_{bb}^{-1}B^T$$
$$Q_{\hat{x}\hat{x}} = N_{bb}^{-1} B^T PQPBN_{bb}^{-1} = N_{bb}^{-1}$$
$$Q_{\hat{x}V} = N_{bb}^{-1} B^T PQ(PBN_{bb}^{-1}B^T - I) = 0$$

$$Q_{\hat{x}\hat{L}} = BN_{bb}^{-1}B^T PQ(PBN_{bb}^{-1}B^T) = N_{bb}^{-1}B^T$$

$$Q_{VV} = (BN_{bb}^{-1}B^T P - I)Q(PBN_{bb}^{-1}B^T - I) = Q - BN_{bb}^{-1}B^T$$

$$Q_{V\hat{L}} = (BN_{bb}^{-1}B^T P - I)Q(PBN_{bb}^{-1}B^T) = 0$$

$$Q_{\hat{L}\hat{L}} = (BN_{bb}^{-1}B^T P)Q(PBN_{bb}^{-1}B^T) = BN_{bb}^{-1}B^T = Q - Q_{VV}$$

3.2 技能测试

3.2.1 技能测试题

（1）如图 3-1 所示，已知 A、B 点高程为 $H_A = 62.222m$，$H_B = 61.222m$，观测高差值及路线长度分别为：

$$h_1 = -1.003m, \; h_2 = -0.500m, \; h_3 = -0.501m$$
$$S_1 = 2km, \; S_2 = 1km, \; S_3 = 0.5km$$

①试列出改正数条件方程。

②试按条件平差原理计算各段高差的平均值。

（2）如图 3-2 所示，已知角度独立观测值及其中误差与各自方差为：

$$L_1 = 60°03'14'', \; L_2 = 52°32'22'', \; L_3 = 301°35'42''$$
$$\sigma_0 = 5'', \; \sigma_1 = 2'', \; \sigma_2 = 3'', \; \sigma_3 = 2''$$

①试列出改正数条件方程

②试按条件平差法求 $\angle ACB$ 的平差值。

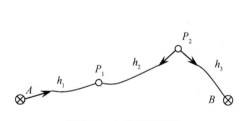

图3-1　水准路线观测

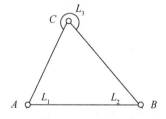

图3-2　三角形观测

（3）如图 3-3 所示，同精度观测了角 α、β、γ、δ，试按条件平差求角 γ 的平差值计算式。

（4）在测站 A 点，同精度观测了 3 个角（如图 3-4 所示），其值为：

$$L_1 = 35°20'15'', \; L_2 = 65°19'27'', \; L_3 = 29°59'10''$$

试按条件平差法求各角平差值。

图3-3　独立三角形

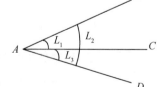

图3-4　角度观测

（5）如图 3-5 所示，A、B、C 三点在一直线中测出了 AB、BC 及 AC 的距离，得到 4 个独立观测值为：

$$L_1 = 200.010\text{m}, \quad L_2 = 300.050\text{m}, \quad L_3 = 300.070\text{m}, \quad L_4 = 500.090\text{m}$$

若令 100m 量距的权为单位权，试按条件平差法确定 A、C 之间各段距离的平差值。

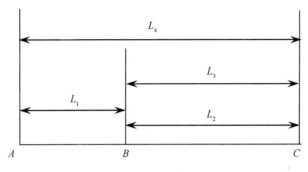

图 3-5　距离测量

（6）如图 3-6 所示，$L_1 = 35°19'16.2''$，同精度观测了测站 A 周围的角度，得观测值为：

$$L_2 = 109°47'28.8'', \quad L_3 = 214°53'12.0'', \quad L_4 = 145°06'46.2''$$

设 $Q = I$，试用条件平差法求各角平差值。

（7）如图 3-7 所示的水准网中，P_1、P_2 及 P_3 点为待定点，测得各段水准路线高差为：

$$h_1 = -1.335\text{m}, \quad h_2 = +0.055\text{m}, \quad h_3 = -1.396\text{m}$$

$$S_1 = 2\text{km}, \quad S_2 = 2\text{km}, \quad S_3 = 3\text{km}$$

若令 2km 路段上的观测高差为权测量，试用间接平差法求高差的平差值。

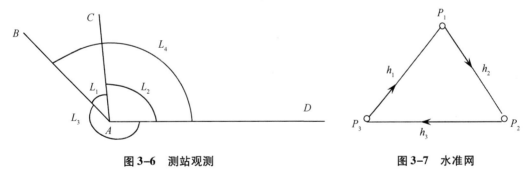

图 3-6　测站观测　　　　　　　　　　　　　　**图 3-7　水准网**

（8）在三角形 ABC 中（如图 3-8 所示）测得不等精度观测值为：

$$\beta_1 = 40°30'46'', \quad \beta_2 = 67°22'10'', \quad \beta_3 = 67°07'14'',$$

$$p_{\beta_1} = 1'', \quad p_{\beta_2} = 1.2'', \quad p_{\beta_3} = 1.8''$$

试按间接平差法计算各角的平差值。

（9）在如图 3-9 所示的单一附合水准路线中，A、B 点为已知点，P_1、P_2 点为待定点，观测高差为 h_1、h_2、h_3，路线长度为 S_1、S_2、S_3。设观测高差的权为 $p_i = \dfrac{1}{S_i}$，并令 P_1、P_2 点高程为未知参数，试按间接平差原理求待

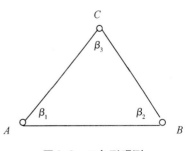

图 3-8　三角形观测

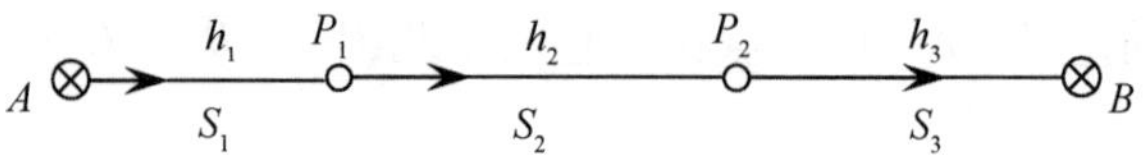

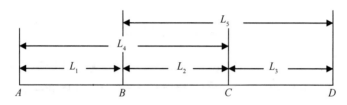

图3-9　附合水准路线

定点的高程平差值。

（10）如图3-10所示，A、B、C、D点在同一条直线上为确定其间的3段距离，测出了距离AB、BC、CD、AC和BD，相应的观测值为：

$$L_1 = 200.000 \text{m}，L_2 = 200.000 \text{m}，L_3 = 200.080 \text{m}，L_4 = 400.040 \text{m}，L_5 = 400.000 \text{m}$$

设它们不相关且等精度。若分别选取AB、BC及CD距离为未知参数X_1、X_2和X_3，试按间接平差法求A、D两点间的距离平差值。

图3-10　距离测量

3.2.2　技能测试题答案

（1）解：

①本题中，$n=3$，$t=2$，$r=n-t=1$，可列出条件方程为：

$$H_A + \hat{h}_1 - \hat{h}_2 + \hat{h}_3 - H_B = 0$$

可得：

$$v_1 - v_2 + v_3 - 4 = 0$$

式中：闭合差单位为毫米（mm）。

②令$c=2$，根据$p_i = \dfrac{c}{S_i}$，得：

$$p_1 = \frac{c}{S_i} = 1，p_2 = \frac{c}{S_2} = 2，p_3 = \frac{c}{S_3} = 4$$

即：

$$P = \begin{bmatrix} 1 & 0 & 0 \\ 0 & 2 & 0 \\ 0 & 0 & 4 \end{bmatrix}$$

则：

$$Q = P^{-1} = \begin{bmatrix} 1 & 0 & 0 \\ 0 & \dfrac{1}{2} & 0 \\ 0 & 0 & \dfrac{1}{4} \end{bmatrix}$$

$$N_{aa} = AQA^T = \frac{7}{4}$$

$$K = -N_{aa}^{-1}W = \frac{16}{7}$$

$$V = QA^TK = \begin{bmatrix} \dfrac{16}{7} \\[2mm] -\dfrac{8}{7} \\[2mm] \dfrac{4}{7} \end{bmatrix} \text{mm}$$

$$\hat{h} = h + V = \begin{bmatrix} -1.001 \\ -0.501 \\ -0.500 \end{bmatrix} \text{m}$$

检核：$H_A + \hat{h}_1 - \hat{h}_2 + \hat{h}_3 = 61.222\text{m} = H_B$

（2）解：

①本题中，$n=3$，$t=2$，$r=n-t=1$，可列出条件方程为：

$$\hat{L}_1 + \hat{L}_2 + (360 - \hat{L}_3) - 180 = 0$$

将 $\hat{L}_i = L_i + v_i$ 代入上式，经计算得条件方程为：

$$v_1 + v_2 - v_3 - 6 = 0$$

可用矩阵表示为：

$$\begin{bmatrix} 1 & 1 & -1 \end{bmatrix} \begin{bmatrix} v_1 \\ v_2 \\ v_3 \end{bmatrix} - 6 = 0$$

式中：闭合差单位为角秒（″）。

②由 $\sigma_0 = 5''$，$\sigma_1 = 2''$，$\sigma_2 = 3''$，$\sigma_3 = 2''$，可知：

$$p_1 = \frac{25}{4}, \quad p_2 = \frac{25}{9}, \quad p_3 = \frac{25}{4}$$

法方程系数阵为：

$$N_{aa} = AQA^T = \begin{bmatrix} 1 & 1 & -1 \end{bmatrix} \begin{bmatrix} \dfrac{4}{25} & 0 & 0 \\[2mm] 0 & \dfrac{9}{25} & 0 \\[2mm] 0 & 0 & \dfrac{4}{25} \end{bmatrix} \begin{bmatrix} 1 \\ 1 \\ -1 \end{bmatrix} = \frac{17}{25}$$

$$N_{aa}^{-1} = \frac{25}{17}$$

由此得：

$$K = -N_{aa}^{-1}W = -\frac{25}{17} \times (-6) = \frac{150}{17}$$

代入改正数方程计算 V，得：

$$V = QA^T K = \begin{bmatrix} 1.5 & 3.0 & -1.5 \end{bmatrix}^T (")$$

观测值的平差值为：

$$\hat{L}_1 = 69°03'15.5'', \quad \hat{L}_2 = 52°32'25'', \quad \hat{L}_3 = 301°35'40.5''$$

因此，$\angle ACB = 58°24'19.5''$。为了检核，将平差值代入条件方程，等式成立，故知以上平差计算无误。

（3）解：本题中，$n=4$，$t=2$，$r=n-t=2$，可列出以下 2 个条件方程，即：

$$\begin{cases} \hat{\alpha} + \hat{\beta} + \hat{\gamma} - 180 = 0 \\ \hat{\gamma} + \hat{\delta} - 360 = 0 \end{cases}$$

以 $\hat{L}_i = L_i + v_i$ 代入上式，经计算得条件方程为：

$$\begin{cases} v_\alpha + v_\beta + v_\gamma + (\alpha + \beta + \gamma - 180) = 0 \\ v_\gamma + v_\delta + (\gamma + \delta - 360) = 0 \end{cases}$$

可得矩阵表示为：

$$\begin{bmatrix} 1 & 1 & 1 & 0 \\ 0 & 0 & 1 & 1 \end{bmatrix} \begin{bmatrix} v_\alpha \\ v_\beta \\ v_\gamma \\ v_\delta \end{bmatrix} + \begin{bmatrix} \alpha + \beta + \gamma - 180 \\ \gamma + \delta - 360 \end{bmatrix} = 0$$

式中：闭合差单位为度（°）。由：

$$Q = P^{-1} = \begin{bmatrix} 1 & 0 & 0 & 0 \\ 0 & 1 & 0 & 0 \\ 0 & 0 & 1 & 0 \\ 0 & 0 & 0 & 1 \end{bmatrix}$$

可得法方程系数阵为：

$$N_{aa} = AQA^T = \begin{bmatrix} 1 & 1 & 1 & 0 \\ 0 & 0 & 1 & 1 \end{bmatrix} \begin{bmatrix} 1 & 0 & 0 & 0 \\ 0 & 1 & 0 & 0 \\ 0 & 0 & 1 & 0 \\ 0 & 0 & 0 & 1 \end{bmatrix} \begin{bmatrix} 1 & 0 \\ 1 & 0 \\ 1 & 1 \\ 0 & 1 \end{bmatrix} = \begin{bmatrix} 3 & 1 \\ 1 & 2 \end{bmatrix}$$

$$N_{aa}^{-1} = \begin{bmatrix} 0.4 & -0.2 \\ -0.2 & 0.6 \end{bmatrix}$$

由此得：

$$K = -N_{aa}^{-1}W = -\begin{bmatrix} 0.4 & -0.2 \\ -0.2 & 0.6 \end{bmatrix} \begin{bmatrix} \alpha + \beta + \gamma - 180 \\ \gamma + \delta - 360 \end{bmatrix} = \begin{bmatrix} -0.4\alpha - 0.4\beta - 0.2\gamma + 0.2\delta \\ 0.2\alpha + 0.2\beta - 0.4\gamma - 0.6\delta + 180 \end{bmatrix}$$

代入改正数方程计算 V，得：

$$V = QA^T K = \begin{bmatrix} -0.4\alpha - 0.4\beta - 0.2\gamma + 0.2\delta \\ -0.4\alpha - 0.4\beta - 0.2\gamma + 0.2\delta \\ -0.2\alpha - 0.2\beta - 0.6\gamma - 0.4\delta + 180 \\ 0.2\alpha + 0.2\beta - 0.4\gamma - 0.6\delta + 180 \end{bmatrix} (°)$$

观测值 γ 的平差值为：

$$\hat{\gamma} = \gamma + v_r = -0.2\alpha - 0.2\beta + 0.4\gamma - 0.4\delta + 180(°)$$

为了检核，将平差值重新组成条件方程，得：

$$\begin{cases} v_a + v_\beta + v_\gamma = 180 - (\alpha + \beta + \gamma) \\ v_\gamma + v_\delta = 360 - (\gamma + \delta) \end{cases}$$

故知以上平差值计算无误。

（4）解：本题中，$n = 3$，$t = 2$，$r = n - t = 1$，可列出条件方程为：

$$\hat{L}_1 - \hat{L}_2 + \hat{L}_3 = 0$$

以 $\hat{L}_i = L_i + v_i$ 代入上式，经计算得条件方程为：

$$v_1 - v_2 + v_3 - 2 = 0$$

用矩阵表示为：

$$\begin{bmatrix} 1 & -1 & 1 \end{bmatrix} \begin{bmatrix} v_1 \\ v_2 \\ v_3 \end{bmatrix} - 2 = 0$$

式中：闭合差单位为角秒（″）。由：

$$Q = P^{-1} = \begin{bmatrix} 1 & 0 & 0 \\ 0 & 1 & 0 \\ 0 & 0 & 1 \end{bmatrix}$$

可得法方程系数阵为：

$$N_{aa} = AQA^T = \begin{bmatrix} 1 & -1 & 1 \end{bmatrix} \begin{bmatrix} 1 & 0 & 0 \\ 0 & 1 & 0 \\ 0 & 0 & 1 \end{bmatrix} \begin{bmatrix} 1 \\ -1 \\ 1 \end{bmatrix} = 3$$

$$N_{aa}^{-1} = \frac{1}{3}$$

由此得：

$$K = -N_{aa}^{-1}W = -\frac{1}{3} \times (-2) = \frac{2}{3}$$

带入改正数方程计算 V，得：

$$V = QA^TK = \begin{bmatrix} 0.67 & -0.67 & 0.67 \end{bmatrix}^T (″)$$

观测值得平差值为：

$$\hat{L}_1 = 35°20'15.67'', \quad \hat{L}_2 = 65°19'26.34'', \quad \hat{L}_3 = 29°59'10.67''$$

为了检核，将平差值重新组成条件方程，得：

$$\hat{L}_1 + \hat{L}_3 = \hat{L}_2$$

故知以上平差计算无误。

（5）解：本题中，$n = 4$，$t = 2$，$r = n - t = 2$，故可列出平差值条件方程，即：

$$\begin{cases} \hat{L}_1 + \hat{L}_2 - \hat{L}_4 = 0 \\ \hat{L}_2 - \hat{L}_3 = 0 \end{cases}$$

以 $\hat{L}_i = L_i + v_i$ 代入上式，经计算得条件方程为：

$$\begin{cases} v_1 + v_2 - v_3 - 3 = 0 \\ v_2 - v_3 - 2 = 0 \end{cases}$$

上列条件用矩阵表示为：

$$\begin{bmatrix} 1 & 1 & 0 & -1 \\ 0 & 1 & -1 & 0 \end{bmatrix}\begin{bmatrix} v_1 \\ v_2 \\ v_3 \\ v_4 \end{bmatrix} + \begin{bmatrix} -3 \\ -2 \end{bmatrix} = 0$$

式中闭合差单位是厘米（cm）。

令 100m 量距的权为单位权，即 $p_i = \dfrac{100}{S_i}$，于是有：

$$\frac{1}{p_1} = \frac{S_1}{100} = 2, \quad \frac{1}{p_2} = \frac{S_2}{100} = 3, \quad \frac{1}{p_3} = \frac{S_3}{100} = 3, \quad \frac{1}{p_4} = \frac{S_4}{100} = 5$$

法方程系数阵为：

$$N_{aa} = AQA^T = \begin{bmatrix} 1 & 1 & 0 & -1 \\ 0 & 1 & -1 & 0 \end{bmatrix}\begin{bmatrix} 2 & 0 & 0 & 0 \\ 0 & 3 & 0 & 0 \\ 0 & 0 & 3 & 0 \\ 0 & 0 & 0 & 5 \end{bmatrix}\begin{bmatrix} 1 & 0 \\ 1 & 1 \\ 0 & -1 \\ -1 & 0 \end{bmatrix} = \begin{bmatrix} 10 & 3 \\ 3 & 6 \end{bmatrix}$$

由此得法方程为：

$$\begin{bmatrix} 10 & 3 \\ 3 & 6 \end{bmatrix}\begin{bmatrix} k_a \\ k_b \end{bmatrix} + \begin{bmatrix} -3 \\ -2 \end{bmatrix} = 0$$

解得 $k_a = 0.235$，$k_b = 0.216$，代入改正数方程计算 V，得：

$$V = QA^T K = \begin{bmatrix} 0.47 & 1.35 & -0.65 & -1.18 \end{bmatrix}^T \text{cm}$$

观测值得平差为：

$$\hat{L}_1 = 200.0147\text{m}, \quad \hat{L}_2 = 300.0635\text{m}, \quad \hat{L}_3 = 300.0635\text{m}, \quad \hat{L}_4 = 500.0782\text{m}$$

为了检核，将平差值代入方程，得：

$$\begin{cases} \hat{L}_1 + \hat{L}_2 = \hat{L}_4 \\ \hat{L}_2 = \hat{L}_3 \end{cases}$$

等式成立，故知以上平差计算无误。

（6）解：本题中，$n = 4$，$t = 2$，$r = n - t = 2$，故可列立平差值条件方程为：

$$\begin{cases} \hat{L}_1 + \hat{L}_2 + \hat{L}_3 - 360 = 0 \\ \hat{L}_1 + \hat{L}_2 - \hat{L}_4 = 0 \end{cases}$$

误差条件方程为：

$$\begin{cases} v_1 + v_2 + v_3 - 3 = 0 \\ v_1 + v_2 - v_4 - 1.2 = 0 \end{cases}$$

即：

$$\begin{bmatrix} 1 & 1 & 1 & 0 \\ 1 & 1 & 0 & -1 \end{bmatrix} \begin{bmatrix} v_1 \\ v_2 \\ v_3 \\ v_4 \end{bmatrix} + \begin{bmatrix} -3 \\ -1.2 \end{bmatrix} = 0$$

式中：闭合差单位为角秒（″）。则法方程系数阵为：

$$N_{aa} = \begin{bmatrix} 3 & 2 \\ 2 & 3 \end{bmatrix}$$

$$N_{aa}^{-1} = \begin{bmatrix} 0.6 & -0.4 \\ -0.4 & 0.6 \end{bmatrix}$$

由此得：

$$K = -N_{aa}^{-1}W = \begin{bmatrix} 0.6 & -0.4 \\ -0.4 & 0.6 \end{bmatrix} \begin{bmatrix} -3 \\ -1.2 \end{bmatrix} = \begin{bmatrix} 1.32 \\ -0.48 \end{bmatrix}$$

$$V = QA^T K \begin{bmatrix} 1 & 0 & 0 & 0 \\ 0 & 1 & 0 & 0 \\ 0 & 0 & 1 & 0 \\ 0 & 0 & 0 & 1 \end{bmatrix} \begin{bmatrix} 1 & 1 \\ 1 & 1 \\ 1 & 0 \\ 0 & -1 \end{bmatrix} \begin{bmatrix} 1.32 \\ -0.48 \end{bmatrix} = \begin{bmatrix} 0.84 \\ 0.84 \\ 1.32 \\ 0.48 \end{bmatrix} (″)$$

所以有：

$$\hat{L} = L + V = \begin{bmatrix} 35° \ 19' \ 17.04″ \\ 109° \ 47' \ 29.64″ \\ 214° \ 53' \ 13.32″ \\ 145° \ 06' \ 46.68″ \end{bmatrix}$$

经检验 $\hat{L}_1 + \hat{L}_2 + \hat{L}_3 = 360$，$\hat{L}_1 + \hat{L}_2 = \hat{L}_4$，说明计算无误。

（7）解：由题意可知 $n = 3$，$t = 2$，令 $\hat{X}_1 = H_{P_1}$，$\hat{X}_2 = H_{P_2}$，并假定 $H_{P_3} = 0$，可得：

$$\begin{cases} \hat{X}_1 = X_1^0 + x_1 = (H_{P_3} + h_1) + \hat{x}_1 = \hat{x}_1 + 1.335 \\ \hat{X}_2 = X_2^0 + x_2 = (H_{P_3} - h_3) + \hat{x}_2 = \hat{x}_2 + 1.396 \end{cases}$$

则：

$$\begin{cases} h_1 + v_1 = \hat{X}_1 - H_{P_3} \\ h_2 + v_2 = \hat{X}_2 - X_1 \\ h_3 + v_3 = H_{P_3} - X_2 \end{cases}$$

即：

$$\begin{bmatrix} v_1 \\ v_2 \\ v_3 \end{bmatrix} = B\hat{x} - l = \begin{bmatrix} 1 & 0 \\ -1 & 1 \\ 0 & -1 \end{bmatrix} \begin{bmatrix} \hat{x}_1 \\ \hat{x}_2 \end{bmatrix} - \begin{bmatrix} 0 \\ -0.006 \\ 0 \end{bmatrix}$$

式中：l 的单位为米（m）。根据 $p = \dfrac{S_0}{S_i}$，令 $S_0 = 2\text{km}$，则：

$$p_1 = 1, \ p_2 = 2, \ p_3 = \frac{2}{3}$$

法方程系数阵为:

$$N_{bb} = B^T P B = \begin{bmatrix} 1 & -1 & 0 \\ 0 & 1 & -1 \end{bmatrix} \begin{bmatrix} 1 & 0 & 0 \\ 0 & 1 & 0 \\ 0 & 0 & \dfrac{2}{3} \end{bmatrix} \begin{bmatrix} 1 & 0 \\ -1 & 1 \\ 0 & -1 \end{bmatrix} = \begin{bmatrix} 2 & -1 \\ -1 & \dfrac{5}{3} \end{bmatrix}$$

又有:

$$W = B^T P l = \begin{bmatrix} 1 & -1 & 0 \\ 0 & 1 & -1 \end{bmatrix} \begin{bmatrix} 1 & 0 & 0 \\ 0 & 1 & 0 \\ 0 & 0 & \dfrac{2}{3} \end{bmatrix} \begin{bmatrix} 0 \\ -0.006 \\ 0 \end{bmatrix} = \begin{bmatrix} 0.006 \\ -0.006 \end{bmatrix}$$

$$N_{bb}^{-1} = \begin{bmatrix} \dfrac{5}{7} & \dfrac{3}{7} \\ \dfrac{3}{7} & \dfrac{6}{7} \end{bmatrix}$$

由此得:

$$\hat{x} = N_{bb}^{-1} W = \begin{bmatrix} 0.0017 \\ -0.0026 \end{bmatrix} m = \begin{bmatrix} 1.7 \\ 2.6 \end{bmatrix} mm$$

$$V = B\hat{x} - l = \begin{bmatrix} 1 & 0 \\ -1 & 1 \\ 0 & -1 \end{bmatrix} \begin{bmatrix} 0.0017 \\ -0.0026 \end{bmatrix} - \begin{bmatrix} 0 \\ -0.006 \\ 0 \end{bmatrix} = \begin{bmatrix} 0.0017 \\ 0.0017 \\ 0.0026 \end{bmatrix} m$$

所以有:

$$\begin{bmatrix} \hat{h}_1 \\ \hat{h}_2 \\ \hat{h}_3 \end{bmatrix} = \begin{bmatrix} h_1 \\ h_2 \\ h_3 \end{bmatrix} + \begin{bmatrix} v_1 \\ v_2 \\ v_3 \end{bmatrix} = \begin{bmatrix} 1.3367 \\ 0.0567 \\ -1.3934 \end{bmatrix} m$$

经检验, $\hat{h}_1 + \hat{h}_2 + \hat{h}_3 = 0$, 说明计算无误。

(8) 解:由题意可知 $n = 3$, $t = 2$。令 $\hat{X}_1 = \angle A$, $\hat{X}_2 = \angle B$, $X_1^0 = \beta_1$, $X_2^0 = \beta_2$, 可知:

$$\begin{cases} X_1 = X_1^0 + \hat{x}_1 = \beta_1 + \hat{x}_1 \\ X_2 = X_2^0 + \hat{x}_2 = \beta_2 + \hat{x}_2 \end{cases}$$

则:

$$\begin{cases} \beta_1 + v_1 = \hat{X}_1 \\ \beta_2 + v_2 = \hat{X}_2 \\ \beta_3 + v_3 = 180 - \hat{X}_1 - \hat{X}_2 \end{cases}$$

即:

$$\begin{bmatrix} v_1 \\ v_2 \\ v_3 \end{bmatrix} = B\hat{x} - l \begin{bmatrix} 1 & 0 \\ 0 & 1 \\ -1 & -1 \end{bmatrix} \begin{bmatrix} \hat{x}_1 \\ \hat{x}_2 \end{bmatrix} = \begin{bmatrix} 0 \\ 0 \\ 10 \end{bmatrix}$$

式中: l 的单位为角秒 ($''$)。

由:

$$p = \begin{bmatrix} 1 & 0 & 0 \\ 0 & 1.2 & 0 \\ 0 & 0 & 1.2 \end{bmatrix}$$

可得法方程系数阵为:

$$N_{bb} = B^T P B = \begin{bmatrix} 1 & 0 & -1 \\ 0 & 1 & -1 \end{bmatrix} \begin{bmatrix} 1 & 0 & 0 \\ 0 & 1.2 & 0 \\ 0 & 0 & 1.8 \end{bmatrix} \begin{bmatrix} 1 & 0 \\ 0 & 1 \\ -1 & -1 \end{bmatrix} = \begin{bmatrix} 2.8 & 1.8 \\ 1.8 & 3 \end{bmatrix}$$

又有:

$$W = B^T P l = \begin{bmatrix} 1 & 0 & -1 \\ 0 & 1 & -1 \end{bmatrix} \begin{bmatrix} 1 & 0 & 0 \\ 0 & 1.2 & 0 \\ 0 & 0 & 1.8 \end{bmatrix} \begin{bmatrix} 0 \\ 0 \\ 10 \end{bmatrix} = \begin{bmatrix} -18 \\ -18 \end{bmatrix}$$

$$N_{bb}^{-1} = \begin{bmatrix} \dfrac{75}{129} & \dfrac{45}{129} \\ \dfrac{45}{129} & \dfrac{70}{129} \end{bmatrix} = \begin{bmatrix} 0.5814 & -0.3488 \\ -0.3488 & 0.5426 \end{bmatrix}$$

由此得:

$$\hat{x} = N_{bb}^{-1} W = \begin{bmatrix} -4.2 \\ -3.5 \end{bmatrix} ('')$$

$$V = B\hat{x} - l = \begin{bmatrix} 1 & 0 \\ 0 & 1 \\ -1 & -1 \end{bmatrix} \begin{bmatrix} -4.2 \\ -3.5 \end{bmatrix} - \begin{bmatrix} 0 \\ 0 \\ 10 \end{bmatrix} = \begin{bmatrix} -4.2 \\ -3.5 \\ -2.3 \end{bmatrix} ('')$$

所以有:

$$\begin{bmatrix} \beta_1 \\ \beta_2 \\ \beta_3 \end{bmatrix} = \begin{bmatrix} \beta_1 \\ \beta_2 \\ \beta_3 \end{bmatrix} + \begin{bmatrix} v_1 \\ v_2 \\ v_3 \end{bmatrix} = \begin{bmatrix} 45°30'41'' \\ 67°22'06'' \\ 67°07'11'' \end{bmatrix}$$

经检验, $\beta_1 + \beta_2 + \beta_3 = 180$, 说明计算正确。

（9）解: 由题意可知 $n = 3$, $t = 2$。令 $\hat{X}_1 = H_{P_1}$, $\hat{X}_2 = H_{P_2}$, 可得:

$$\begin{cases} \hat{X}_1 = X_1^0 + \hat{x}_1 = (H_{P_A} + h_1) + \hat{x}_1 \\ \hat{X}_2 = X_2^0 + x_2 = (H_{P_B} + h_3) + \hat{x}_2 \end{cases}$$

则误差方程为:

$$\begin{cases} h_1 + v_1 = \hat{X}_1 - H_{P_A} \\ h_2 + v_2 = \hat{X}_2 - \hat{X}_1 \\ h_3 + v_3 = H_{P_B} - \hat{X}_2 \end{cases}$$

即：

$$\begin{bmatrix} v_1 \\ v_2 \\ v_3 \end{bmatrix} = \begin{bmatrix} 1 & 0 \\ -1 & 1 \\ 0 & -1 \end{bmatrix} \begin{bmatrix} \hat{x}_1 \\ \hat{x}_2 \end{bmatrix} - \begin{bmatrix} 0 \\ H_{P_A} - H_{P_B} + h_1 + h_2 + h_3 \\ 0 \end{bmatrix}$$

根据水准测量定权公式：

$$p = \frac{c}{S_i}$$

令 $c = 1$，则：

$$p_1 = \frac{1}{S_1}, \ p_2 = \frac{1}{S_2}, \ p_3 = \frac{1}{S_3}$$

法方程系数阵为：

$$N_{bb} = B^T P B$$

则：

$$N_{bb} = B^T P B = \begin{bmatrix} 1 & -1 & 0 \\ 0 & 1 & -1 \end{bmatrix} \begin{bmatrix} \frac{1}{S_1} & 0 & 0 \\ 0 & \frac{1}{S_2} & 0 \\ 0 & 0 & \frac{1}{S_3} \end{bmatrix} \begin{bmatrix} 1 & 0 \\ -1 & 1 \\ 0 & -1 \end{bmatrix} = \begin{bmatrix} \frac{S_1 + S_2}{S_1 S_2} & -\frac{1}{S_2} \\ -\frac{1}{S_2} & \frac{S_2 + S_3}{S_2 S_3} \end{bmatrix}$$

又有：

$$W = B^T P l = \begin{bmatrix} 1 & -1 & 0 \\ 0 & 1 & -1 \end{bmatrix} \begin{bmatrix} \frac{1}{S_1} & 0 & 0 \\ 0 & \frac{1}{S_2} & 0 \\ 0 & 0 & \frac{1}{S_3} \end{bmatrix} \begin{bmatrix} 0 \\ H_{P_A} - H_{P_B} + h_1 + h_2 + h_3 \\ 0 \end{bmatrix}$$

$$= \begin{bmatrix} \dfrac{-(H_{P_A} - H_{P_B} + h_1 + h_2 + h_3)}{S_2} \\ \dfrac{H_{P_A} - H_{P_B} + h_1 + h_2 + h_3}{S_2} \end{bmatrix}$$

$$N_{bb}^{-1} = \begin{bmatrix} \dfrac{S_1(S_2 + S_3)}{S_1 + S_3 + S_2} & \dfrac{S_1 S_3}{S_1 + S_3 + S_2} \\ \dfrac{S_1 S_3}{S_1 + S_3 + S_2} & \dfrac{S_1(S_2 + S_3)}{S_3 + S_1 + S_2} \end{bmatrix}$$

由此得：

$$\hat{x} = N_{bb}^{-1} = \begin{bmatrix} \dfrac{S_1(S_2+S_3)}{S_1+S_3+S_2} & \dfrac{S_1 S_3}{S_1+S_3+S_2} \\[3mm] \dfrac{S_1 S_3}{S_1+S_3+S_2} & \dfrac{S_1(S_2+S_3)}{S_3+S_1+S_2} \end{bmatrix} \begin{bmatrix} \dfrac{-(H_{P_A}-H_{P_B}+h_1+h_2+h_3)}{S_2} \\[3mm] \dfrac{H_{P_A}-H_{P_B}+h_1+h_2+h_3}{S_2} \end{bmatrix}$$

$$= \begin{bmatrix} \dfrac{-S_1(H_{P_A}-H_{P_B}+h_1+h_2+h_3)}{S_1+S_2+S_3} \\[3mm] \dfrac{S_3(H_{P_A}-H_{P_B}+h_1+h_2+h_3)}{S_1+S_2+S_3} \end{bmatrix}$$

$$\hat{X} = X_0 + \hat{x} = \begin{bmatrix} H_{P_A}+h_1 - \dfrac{-S_1(H_{P_A}-H_{P_B}+h_1+h_2+h_3)}{S_1+S_2+S_3} \\[3mm] H_{P_B}-h_3 + \dfrac{S_3(H_{P_A}-H_{P_B}+h_1+h_2+h_3)}{S_1+S_2+S_3} \end{bmatrix}$$

经验证可得：

$$\begin{cases} \hat{h}_1 = h_1 - \dfrac{-S_1(H_{P_A}-H_{P_B}+h_1+h_2+h_3)}{S_1+S_2+S_3} \\[4mm] \hat{h}_2 = H_{P_B}-H_{P_A}-h_1-h_3 + \dfrac{(S_1+S_3)+(H_{P_A}-H_{P_B}+h_1+h_2+h_3)}{S_1+S_2+S_3} \\[4mm] \hat{h}_3 = h_3 - \dfrac{S_3(H_{P_A}-H_{P_B}+h_1+h_2+h_3)}{S_1+S_2+S_3} \end{cases}$$

即：

$$\hat{h}_1 + \hat{h}_2 + \hat{h}_3 = H_{P_B} - H_{P_A}$$

因此计算正确。

另外，本题的计算也可以按照附合水准路线的条件平差，即：

$$V = \begin{bmatrix} v_1 \\ v_2 \\ v_3 \end{bmatrix} \begin{bmatrix} -\dfrac{S_1}{\sum\limits_{i-1}^{3} S_i}\left(H_{P_A} + \sum\limits_{i-1}^{3} h_i - H_{P_B}\right) \\[5mm] -\dfrac{S_2}{\sum\limits_{i-1}^{3} S_i}\left(H_{P_A} + \sum\limits_{i-1}^{3} h_i - H_{P_B}\right) \\[5mm] -\dfrac{S_3}{\sum\limits_{i-1}^{3} S_i}\left(H_{P_A} + \sum\limits_{i-1}^{3} h_i - H_{P_B}\right) \end{bmatrix} = \begin{bmatrix} -S_1 \dfrac{H_{P_A}+(h_1+h_2+h_3)-H_{P_B}}{S_1+S_2+S_3} \\[5mm] -S_2 \dfrac{H_{P_A}+(h_1+h_2+h_3)-H_{P_B}}{S_1+S_2+S_3} \\[5mm] -S_3 \dfrac{H_{P_A}+(h_1+h_2+h_3)-H_{P_B}}{S_1+S_2+S_3} \end{bmatrix}$$

$$v_1 + v_2 + v_3 = H_{P_B} - h_1 - h_2 - h_3 - H_{P_A}$$

$$v_2 = (H_{P_B}-h_1-h_2-h_3-H_{P_A}) - v_1 - v_3$$

$$= (H_{P_B}-h_1-h_2-h_3-H_{P_A}) + S_1 \dfrac{H_{P_A}+(h_1+h_2+h_3)-H_{P_B}}{S_1+S_2+S_3} + S_3 \dfrac{H_{P_A}+(h_1+h_2+h_3)-H_{P_B}}{S_1+S_2+S_3}$$

$$= (H_{P_B}-H_{P_A}-h_1-h_2-h_3) + (S_1+S_3)\dfrac{(H_{P_B}-H_{P_A}+h_1+h_2+h_3)}{S_1+S_2+S_3}$$

$$\hat{h}_2 = h_2 + v_2 = (H_{P_B} - H_{P_A} - h_1 - h_3) + (S_1 + S_3)\frac{(H_{P_B} - H_{P_A} + h_1 + h_2 + h_3)}{S_1 + S_2 + S_3}$$

可见，对于同一个控制网来说，无论是用条件平差法还是用间接平差法来平差，结果都是一样的。

（10）解：本题中，$n=4$，$t=3$. 令 $\hat{X}_1 = \overline{AB}$，$\hat{X}_2 = \overline{BC}$，$\hat{X}_3 = \overline{CD}$，得：

$$\begin{cases} \hat{X}_1 + X_1^0 + \hat{x}_1 = L_1 + \hat{x}_1 \\ \hat{X}_2 + X_2^0 + \hat{x}_2 = L_2 + \hat{x}_2 \\ X_3 + X_3^0 + \hat{x}_3 = L_3 + \hat{x}_3 \end{cases}$$

则误差方程为：

$$\begin{cases} L_1 + v_1 = \hat{X}_1 \\ L_2 + v_2 = \hat{X}_2 \\ L_3 + v_3 = \hat{X}_3 \\ L_4 + v_4 = \hat{X}_1 + \hat{X}_2 \\ L_5 + v_5 = \hat{X}_2 + \hat{X}_3 \end{cases}$$

即：

$$\begin{bmatrix} v_1 \\ v_2 \\ v_3 \\ v_4 \\ v_5 \end{bmatrix} = B\hat{x} - l \begin{bmatrix} 1 & 0 & 0 \\ 0 & 1 & 0 \\ 0 & 0 & 1 \\ 1 & 1 & 0 \\ 0 & 1 & 1 \end{bmatrix} \begin{bmatrix} \hat{x}_1 \\ \hat{x}_2 \\ \hat{x}_3 \end{bmatrix} - \begin{bmatrix} 0 \\ 0 \\ 0 \\ 0.040 \\ -0.060 \end{bmatrix}$$

式中：l 的单位为米（m）。又由：

$$p = \begin{bmatrix} 1 & 0 & 0 & 0 & 0 \\ 0 & 1 & 0 & 0 & 0 \\ 0 & 0 & 1 & 0 & 0 \\ 0 & 0 & 0 & 1 & 0 \\ 0 & 0 & 0 & 0 & 1 \end{bmatrix}$$

可得法方程系数阵为：

$$N_{bb} = B^T P B = \begin{bmatrix} 1 & 0 & 0 & 1 & 0 \\ 0 & 1 & 0 & 1 & 1 \\ 0 & 0 & 1 & 0 & 1 \end{bmatrix} \begin{bmatrix} 1 & 0 & 0 & 0 & 0 \\ 0 & 1 & 0 & 0 & 0 \\ 0 & 0 & 1 & 0 & 0 \\ 0 & 0 & 0 & 1 & 0 \\ 0 & 0 & 0 & 0 & 1 \end{bmatrix} \begin{bmatrix} 1 & 0 & 0 \\ 0 & 1 & 0 \\ 0 & 0 & 1 \\ 1 & 1 & 0 \\ 0 & 1 & 1 \end{bmatrix} = \begin{bmatrix} 2 & 1 & 0 \\ 1 & 3 & 1 \\ 0 & 1 & 2 \end{bmatrix}$$

又有：

$$W = B^T Pl = \begin{bmatrix} 1 & 0 & 0 & 1 & 0 \\ 0 & 1 & 0 & 1 & 1 \\ 0 & 0 & 1 & 0 & 1 \end{bmatrix} \begin{bmatrix} 1 & 0 & 0 & 0 & 0 \\ 0 & 1 & 0 & 0 & 0 \\ 0 & 0 & 1 & 0 & 0 \\ 0 & 0 & 0 & 1 & 0 \\ 0 & 0 & 0 & 0 & 0 \end{bmatrix} \begin{bmatrix} 0 \\ 0 \\ 0 \\ 0.040 \\ -0.080 \end{bmatrix} = \begin{bmatrix} 0.04 \\ -0.04 \\ -0.08 \end{bmatrix}$$

$$N_{bb}^{-1} = \frac{1}{8} \begin{bmatrix} 5 & -2 & 1 \\ -2 & 4 & -2 \\ 1 & -2 & 5 \end{bmatrix}$$

由此得：

$$\hat{x} = N_{bb}^{-1} W = \frac{1}{8} \begin{bmatrix} 5 & -2 & 1 \\ -2 & 4 & -2 \\ 1 & -2 & 5 \end{bmatrix} \begin{bmatrix} 0.05 \\ -0.04 \\ -0.08 \end{bmatrix} = \begin{bmatrix} 0.025 \\ -0.010 \\ -0.035 \end{bmatrix} \text{m}$$

因此：

$$\begin{bmatrix} \hat{X}_1 \\ \hat{X}_2 \\ \hat{X}_3 \end{bmatrix} = \begin{bmatrix} X_1^0 \\ X_2^0 \\ X_3^0 \end{bmatrix} + \begin{bmatrix} \hat{x}_1 \\ \hat{x}_2 \\ \hat{x}_3 \end{bmatrix} = \begin{bmatrix} 200.025 \\ 199.990 \\ 200.045 \end{bmatrix} \text{m}$$

经检验，可得 $\overline{AD} = \hat{X}_1 + \hat{X}_2 + \hat{X}_3 = 600.060\text{m}$。

$$\begin{bmatrix} v_1 \\ v_2 \\ v_3 \\ v_4 \\ v_5 \end{bmatrix} = \begin{bmatrix} 1 & 0 & 0 \\ 0 & 1 & 0 \\ 0 & 0 & 1 \\ 1 & 1 & 0 \\ 0 & 1 & 1 \end{bmatrix} \begin{bmatrix} 0.025 \\ -0.010 \\ -0.035 \end{bmatrix} - \begin{bmatrix} 0 \\ 0 \\ 0 \\ 0.040 \\ -0.080 \end{bmatrix} = \begin{bmatrix} 0.025 \\ -0.010 \\ -0.035 \\ -0.025 \\ 0.035 \end{bmatrix} \text{m}$$

$$\hat{L}_4 = L_4 + v_4 = 400.040 + (-0.025) = 400.015\text{m} = \hat{X}_1 + \hat{X}_2$$

$$\hat{L}_5 = L_5 + v_5 = 400.000 + 0.035 = 400.035\text{m} = \hat{X}_2 + \hat{X}_3$$

因此，说明平差计算正确。

项目四　水准网平差实例

4.1　知识点汇编

4.1.1　水准网条件平差

（1）条件方程式

$$\underset{r\times n}{A}\ \underset{n\times 1}{V}+\underset{r\times 1}{W}=0$$

（2）法方程式

$$N_{aa}K+W=0$$

式中：

$$N_{aa}=AQA^T=AP^{-1}A^T$$

（3）联系数矩阵的解算

$$K=-N_{aa}^{-1}W$$

（4）参数改正数

$$V=P^{-1}A^TK=QA^TK$$

（5）V^TPV 的计算

$$V^TPV=(QA^TK)^TP(QA^TK)=K^TAQPQA^TK=K^TN_{aa}K$$

或：

$$V^TPV=V^TP(QA^TK)^T=V^TPQA^TK=(AV)^TK=-W^TK=W^TN_{aa}^{-1}W$$

（6）单位权方差的估值公式

$$\hat{\sigma}_0^2=\frac{V^TPV}{r}=\frac{V^TPV}{n-t}$$

$$\hat{\sigma}_0=\sqrt{\frac{V^TPV}{r}}=\sqrt{\frac{V^TPV}{n-t}}$$

（7）平差值函数的协因数

$$Q_{ZZ}=QF^TQF-F^TQ_{VV}F=F^T(Q-Q_{VV})F=FTQ_{\hat{L}\hat{L}}F$$

或：

$$Q_{ZZ}=QF^TQF-F^TQA^TN_{aa}^{-1}AQF=F^TQF-(AQF)^TN_{aa}^{-1}(AQF)$$

4.1.2　水准网间接平差

（1）误差方程式

$$V=B\hat{x}-l$$

（2）法方程式

$$N_{bb}\hat{x} - W = 0$$

式中：

$$N_{bb} = B^T PB, \quad W = B^T Pl$$
$$\,_{t \times t} \qquad\quad \,_{t \times l}$$

（3）参数改正数

$$\hat{x} = N_{bb}^{-1} W$$

（4）$V^T PV$ 的计算

$$
\begin{aligned}
V^T PV &= (B\hat{x} - l)^T P(B\hat{x} - l) \\
&= \hat{x}^T B^T PB\hat{x} - \hat{x}^T B^T Pl - lPB\hat{x} + l^T Pl \\
&= (N_{bb}^{-1} W)^T N_{bb}^{-1}(N_{bb}^{-1} W) - (N_{bb}^{-1} W)^T W - W^T(N_{bb}^{-1} W) + l^T Pl \\
&= l^T Pl - W^T N_{bb}^{-1} W \\
&= l^T Pl - (N_{bb}\hat{x})^T \hat{x} \\
&= l^T Pl - \hat{x}^T N_{bb}\hat{x}
\end{aligned}
$$

（5）平差值函数的协因数

$$\frac{1}{P_Z} = F^T Q_{\hat{X}\hat{X}} F$$

4.2　技能测试

4.2.1　技能测试题

（1）各类水准路线测量平差的依据是什么？

（2）水准网的条件平差中，条件方程的个数是多少？多余观测数与条件方程个数有怎样的关系？

（3）怎样由条件方程组成法方程？

（4）水准网间接平差时，对选择的参数有什么要求？误差方程的个数由什么决定？它与参数的选择有无关系？

（5）对水准网进行条件平差和间接平差时，如何求单位权中误差？如何求水准网平差值函数的中误差？

（6）当平差问题中不存在多余观测时，由于观测量之间不产生条件方程式，而无法用条件平差法进行处理，这种情况可否用间接平差法处理呢？

（7）试列出如图 4-1、图 4-2 所示各水准网的平差值条件方程。

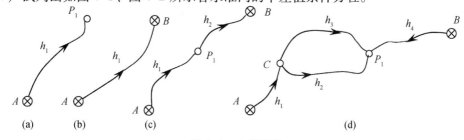

图 4-1　水准路线

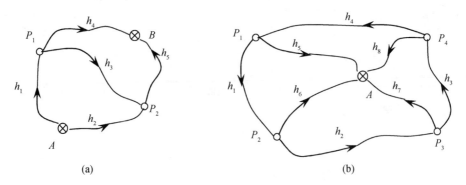

图 4-2　水准网

（8）试列出如图 4-3 所示水准网的改正数条件方程。

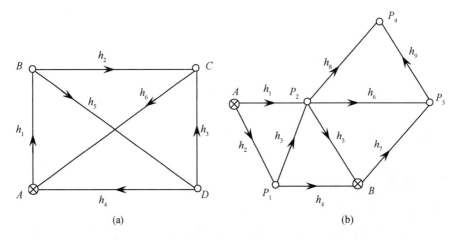

图 4-3　水准网

（9）在如图 4-4 所示的水准网中，已知高程 $H_A = 5.000\text{m}$，$H_B = 8.691\text{m}$，$H_C = 6.152\text{m}$，各观测高差及路线长度分别为：

$$h_1 = 1.100\text{m}, \quad h_2 = 2.398\text{m}, \quad h_3 = 0.200\text{m}$$
$$h_4 = 1.000\text{m}, \quad h_5 = 3.404\text{m}, \quad h_6 = 3.352\text{m}$$
$$S_1 = 2\text{km}, \quad S_2 = 2\text{km}, \quad S_3 = 1\text{km}$$
$$S_4 = 2\text{km}, \quad S_5 = 2.5\text{km}, \quad S_6 = 2\text{km}$$

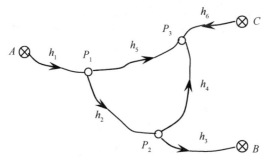

图 4-4　水准网

试用条件平差和间接平差两种方法计算各未知点的高程。

（10）在如图 4-5 所示的水准网中，A 为已知点，高程为 $H_A = 10.000\text{m}$，P_1、P_2、P_3、P_4 为待定点。各观测高差及路线长度分别为：

$$h_1 = 1.270\text{m}, \quad h_2 = -3.380\text{m}, \quad h_3 = 2.114\text{m}$$
$$h_4 = 1.613\text{m}, \quad h_5 = -3.721\text{m}, \quad h_6 = 2.931\text{m}, \quad h_7 = 0.782\text{m}$$
$$S_1 = 2\text{km}, \quad S_2 = 2\text{km}, \quad S_3 = 1\text{km}$$
$$S_4 = 2\text{km}, \quad S_5 = 1\text{km}, \quad S_6 = 2\text{km}, \quad S_7 = 2\text{km}$$

若设 P_2 点高程平差值为参数：

①列出条件方程。

②列出法方程。

③求出观测值的改正数及平差值。

④求出平差后单位权方差及 P_2 点高程平差值的中误差。

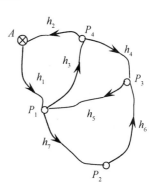

（11）如图 4-6 所示，由高程已知的水准点 A、B、C，向待定点 D 进行水准测量。各已知点高程分别为 $H_A = 53.520\text{m}$，$H_B = 54.818\text{m}$，$H_C = 53.768\text{m}$，各观测高差分别为 $h_1 = 3.476\text{m}$，$h_2 = 2.198\text{m}$，$h_3 = 3.234\text{m}$；各路线长度分别为 $S_1 = 2\text{km}$，$S_2 = 1\text{km}$，$S_3 = 2\text{km}$。试列出误差方差并确定未知点高程的中误差。

图 4-5　水准网

（12）在如图 4-7 所示的水准网中，A、B、C 为已知水准点，P_1、P_2、P_3 为待定点，已知水准点的高程、各水准路线的长度及观测高差如表 4-1 所示，试用条件平差法及间接平差法求 P_1、P_2、P_3 点高程的平差值。

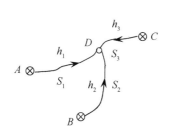

图 4-6　水准网

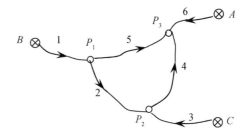

图 4-7　水准网

表 4-1　水准线路观测值

线号	高差（m）	路线长度（km）	点号	高程（m）
1	1.100	4	A	55.000
2	3.399	2	B	52.947
3	0.200	4	C	57.153

线号	高差（m）	路线长度（km）	点号	高程（m）
4	1.002	2	—	—
5	4.404	2	—	—
6	3.452	4	—	—

（13）在如图4-8所示的水准网中，观测高差及路线长度如表4-2所示。已知A、B点高程为$H_A = 50.000\text{m}$，$H_B = 40.000\text{m}$。试用条件平差法求：

①各观测高差的平差值。

②平差后P_1到P_2点间高差的中误差σ_ψ。

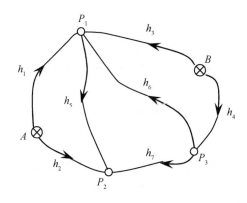

图4-8　水准网

表4-2　水准线路观测值

观测号	观测高差（m）	路线长度（km）	观测号	观测高差（m）	路线长度（km）
1	1.359	1	5	0.657	1
2	2.009	1	6	1.000	1
3	11.363	2	7	1.650	2
4	10.364	2	—	—	—

（14）在如图4-9所示的水准网中，已知点$H_A = 10.000\text{m}$观测各点间的高差为$h_1 = 1.015\text{m}$，$h_2 = -12.570\text{m}$，$h_3 = 6.161\text{m}$，$h_4 = -11.563\text{m}$，$h_5 = 6.414\text{m}$，设$Q = I$。试用间接平差法求：

①待定点P_1、P_2、P_3的高程平差值。

②平差后P_1至P_3点间高差平差值及中误差。

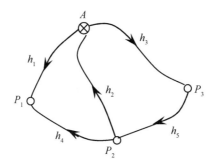

图4-9 水准网

4.2.2 技能测试题答案

（1）各类水准路线测量平差的依据是最小二乘法。

（2）在水准网的条件平差中，条件方程的个数等于多余观测的个数。

（3）根据列出的条件方程系数阵，可求得：

$$N_{aa} = AQA^T = AP^{-1}A^T$$

则可列出法方程为：

$$N_{aa}K + W = 0$$

（4）间接平差时，参数的个数等于必要观测个数，且参数间独立，误差方程的个数等于观测值的总数，与参数的选择没有关系。

（5）在平差中，V^TPV 的计算公式为：

$$V^TPV = (QA^TK)^TP(QA^TK) = K^TAQPQA^TK = K^TN_{aa}K$$

或：

$$V^TPV = V^TP(QA^TK)^T = V^TPQA^TK = (AV)^TK = -W^TK = W^TN_{aa}^{-1}W$$

则：

$$\hat{\sigma}_0^2 = \frac{V^TPV}{r} = \frac{V^TPV}{n-t}$$

$$\hat{\sigma}_0 = \sqrt{\frac{V^TPV}{r}} = \sqrt{\frac{V^TPV}{n-t}}$$

平差值函数的协因数：

$$Q_{ZZ} = QF^TQF - F^TQ_{VV}F = F^T(Q - Q_{VV})F = F^TQ_{\hat{L}\hat{L}}F$$

或：

$$Q_{ZZ} = QF^TQF - F^TQA^TN_{aa}^{-1}AQF = F^TQF - (AQF)^TN_{aa}^{-1}(AQF)$$

在间接平差中，V^TPV 的计算公式为：

$$\begin{aligned}
V^TPV &= (B\hat{x} - l)^TP(B\hat{x} - l) \\
&= \hat{x}^TB^TPB\hat{x} - \hat{x}^TB^TPl - lPB\hat{x} + l^TPl \\
&= (N_{bb}^{-1}W)^TN_{bb}^{-1}(N_{bb}^{-1}W) - (N_{bb}^{-1}W)^TW - W^T(N_{bb}^{-1}W) + l^TPl \\
&= l^TPl - W^TN_{bb}^{-1}W
\end{aligned}$$

$$= l^T Pl - (N_{bb}\hat{x})^T \hat{x}$$

$$= l^T Pl - \hat{x}^T N_{bb}\hat{x}$$

而平差值函数的协因数：

$$\frac{1}{p_Z} = F^T Q_{\hat{X}\hat{X}} F$$

（6）当平差问题中不存在多余观测时，无法用条件平差进行处理，也无法用间接平差处理。

（7）解：

在图 4-1（a）中，由于 $n = t$，$r = 0$，故无条件方程。

在图 4-1（b）中，$r = n - t = 1 - 0 = 1$，可列出 1 个条件方程为：

$$H_A + \hat{h}_1 - H_B = 0$$

在图 4-1（c）中，$r = n - t = 2 - 1 = 1$，可列出 1 个条件方程为：

$$H_A + \hat{h}_1 + \hat{h}_2 - H_B = 0$$

在图 4-1（d）中，$r = n - t = 4 - 2 = 2$，可列出 2 个条件方程为：

$$H_A + \hat{h}_1 + \hat{h}_2 - h_4 - H_B = 0$$

$$\hat{h}_2 - \hat{h}_3 = 0$$

在图 4-2（a）中，$r = n - t = 5 - 2 = 3$，可列出 3 个条件方程为：

$$H_A + \hat{h}_1 + \hat{h}_2 - h_4 - H_B = 0$$

$$\hat{h}_1 - \hat{h}_2 - \hat{h}_3 = 0$$

$$\hat{h}_3 - \hat{h}_4 + \hat{h}_5 = 0$$

在图 4-2（b）中，$r = n - t = 8 - 4 = 4$，可列出 4 个条件方程为：

$$\hat{h}_1 - \hat{h}_5 + \hat{h}_6 = 0$$

$$\hat{h}_2 - \hat{h}_6 + \hat{h}_7 = 0$$

$$\hat{h}_3 - \hat{h}_4 + \hat{h}_5 = 0$$

$$\hat{h}_4 - \hat{h}_5 + \hat{h}_8 = 0$$

（8）解：

在图 4-3（a）中，$r = n - t = 6 - 3 = 3$，可列出 3 个条件方程为：

$$v_1 + v_2 + v_6 + (h_1 + h_2 + h_6) = 0$$

$$v_2 + v_3 - v_5 + (h_2 + h_3 - h_5) = 0$$

$$v_1 + v_4 + v_5 + (h_1 + h_4 + h_5) = 0$$

在图 4-3（b）中，$r = n - t = 9 - 4 = 5$，可列出 5 个条件方程为：

$$v_2 + v_4 + (H_A h_2 + h_4 - H_B) = 0$$

$$v_1 - v_2 - v_3 + (h_1 - h_2 - h_3) = 0$$

$$v_3 - v_4 + v_5 + (h_3 - h_4 + h_5) = 0$$

$$v_5 - v_6 - v_7 + (h_5 - h_6 - h_7) = 0$$

$$v_6 - v_8 - v_9 + (h_6 - h_8 - h_9) = 0$$

（9）解：

①条件平差法

本题中，$n=6$，$t=3$，$r=n-t=6-3=3$，可列出 3 个条件方程为：

$$H_A + h_1 + h_5 - h_6 - H_C = 0$$
$$H_A + h_1 + h_2 - h_3 - H_B = 0$$
$$\hat{h}_2 + \hat{h}_4 - \hat{h}_5 = 0$$

即：

$$v_1 + v_5 - v_6 = 0$$
$$v_1 + v_2 + v_3 + 7 = 0$$
$$v_2 + v_5 - v_5 - v_6 = 0$$

$$A = \begin{bmatrix} 1 & 0 & 0 & 0 & 1 & -1 \\ 1 & 1 & 1 & 0 & 0 & 0 \\ 0 & 1 & 0 & 1 & -1 & 0 \end{bmatrix}, W = \begin{bmatrix} 0 \\ 7 \\ -6 \end{bmatrix} mm$$

令 $c=2$，根据 $p_i = \dfrac{c}{S_i}$，得：

$$p_1 = \frac{c}{S_1} = 1,\ p_2 = \frac{c}{S_2} = 1,\ p_3 = \frac{c}{S_3} = 2,\ p_4 = \frac{c}{S_4} = 1,\ p_5 = \frac{c}{S_5} = 0.8,\ p_6 = \frac{c}{S_6} = 1$$

即：

$$P = \begin{bmatrix} 1 & 0 & 0 & 0 & 0 & 0 \\ 0 & 1 & 0 & 0 & 0 & 0 \\ 0 & 0 & 2 & 0 & 0 & 0 \\ 0 & 0 & 0 & 1 & 0 & 0 \\ 0 & 0 & 0 & 0 & 0.8 & 0 \\ 0 & 0 & 0 & 0 & 0 & 1 \end{bmatrix}$$

$$Q = P^{-1} = \begin{bmatrix} 1 & 0 & 0 & 0 & 0 & 0 \\ 0 & 1 & 0 & 0 & 0 & 0 \\ 0 & 0 & 0.5 & 0 & 0 & 0 \\ 0 & 0 & 0 & 1 & 0 & 0 \\ 0 & 0 & 0 & 0 & 1.25 & 0 \\ 0 & 0 & 0 & 0 & 0 & 1 \end{bmatrix}$$

可得法方程系数阵为：

$$N_{aa} = AQA^T = \begin{bmatrix} 3.5 & 1 & -1.25 \\ 1 & 2.5 & 1 \\ -1.25 & 1 & 3.25 \end{bmatrix}$$

$$N_{aa}^{-1} = \frac{1}{13.5} \begin{bmatrix} 7.125 & -4.5 & 4.125 \\ -4.5 & 9 & -4.5 \\ 4.125 & -4.5 & 7.125 \end{bmatrix}$$

$$K = N_{aa}^{-1} W = \begin{bmatrix} 4.2 \\ -6.7 \\ 5.5 \end{bmatrix}$$

可得：

$$V = \begin{bmatrix} -2.50 \\ -1.77 \\ -3.33 \\ 5.50 \\ -1.67 \\ -4.17 \end{bmatrix} \text{mm}$$

观测值的平差值为：

$$\hat{h} = \begin{bmatrix} 1.0975 \\ 2.3968 \\ 0.1967 \\ 1.0055 \\ 3.4023 \\ 3.3478 \end{bmatrix} \text{m}$$

因此有：

$$\hat{H} = \begin{bmatrix} H_{P_1} \\ H_{P_2} \\ H_{P_3} \end{bmatrix} = \begin{bmatrix} 6.0975 \\ 8.4943 \\ 9.4998 \end{bmatrix} \text{m}$$

检核：

$$H_A + \hat{h}_1 + \hat{h}_5 - h_6 - H_C = 5.000 + 1.0975 + 3.4023 - 3.3478 - 6.152 = 0$$

故知以上平差计算无误。

②间接平差法

$n = 6$，$t = 3$，令 $\hat{X}_1 = H_{P_1}$，$\hat{X}_2 = H_{P_2}$，$\hat{X}_3 = H_{P_3}$，得：

$$\begin{cases} \hat{X}_1 = X_1^0 + \hat{x}_1 = H_A + h_1 + \hat{x}_1 \\ \hat{X}_2 = X_2^0 + \hat{x}_2 = H_B - h_3 + \hat{x}_2 \\ \hat{X}_3 = X_3^0 + \hat{x}_3 = H_C + h_6 + \hat{x}_3 \end{cases}$$

则误差方程为：

$$\begin{cases} h_1 + v_1 = \hat{X}_1 - H_A \\ h_2 + v_2 = \hat{X}_2 - \hat{X}_1 \\ h_3 + v_3 = H_B - \hat{X}_2 \\ h_4 + v_4 = \hat{X}_3 - \hat{X}_2 \\ h_5 + v_5 = \hat{X}_3 - \hat{X}_1 \\ h_6 + v_6 = \hat{X}_3 - H_C \end{cases}$$

$$
\begin{bmatrix} v_1 \\ v_2 \\ v_3 \\ v_4 \\ v_5 \\ v_6 \end{bmatrix} = B\hat{x} - l = \begin{bmatrix} 1 & 0 & 0 \\ -1 & 1 & 0 \\ 0 & -1 & 0 \\ 0 & -1 & 1 \\ -1 & 0 & 1 \\ 0 & 0 & 1 \end{bmatrix} \begin{bmatrix} \hat{x}_1 \\ \hat{x}_2 \\ \hat{x}_3 \end{bmatrix} - \begin{bmatrix} 0 \\ 7 \\ 0 \\ -13 \\ 0 \\ 0 \end{bmatrix}
$$

式中：l 的单位为毫米（mm）。

根据 $p_1 = \dfrac{c}{S}$，$c = 2$，则：

$$
P = \begin{bmatrix} 1 & 0 & 0 & 0 & 0 & 0 \\ 0 & 1 & 0 & 0 & 0 & 0 \\ 0 & 0 & 2 & 0 & 0 & 0 \\ 0 & 0 & 0 & 1 & 0 & 0 \\ 0 & 0 & 0 & 0 & 0.8 & 0 \\ 0 & 0 & 0 & 0 & 0 & 1 \end{bmatrix}
$$

法方程系数阵为：

$$
N_{bb} = B^T P B = \begin{bmatrix} 1 & -1 & 0 & 0 & -1 & 0 \\ 0 & 0 & 0 & 1 & 1 & 1 \\ 0 & 1 & -1 & -1 & 0 & 0 \end{bmatrix} \begin{bmatrix} 1 & 0 & 0 & 0 & 0 & 0 \\ 0 & 1 & 0 & 0 & 0 & 0 \\ 0 & 0 & 2 & 0 & 0 & 0 \\ 0 & 0 & 0 & 1 & 0 & 0 \\ 0 & 0 & 0 & 0 & 0.8 & 0 \\ 0 & 0 & 0 & 0 & 0 & 1 \end{bmatrix} \begin{bmatrix} 1 & 0 & 0 \\ -1 & 1 & 0 \\ 0 & -1 & 0 \\ 0 & -1 & 1 \\ -1 & 0 & 1 \\ 0 & 0 & 1 \end{bmatrix}
$$

$$
= \begin{bmatrix} 2.8 & 1 & -0.8 \\ -1 & 4 & -1 \\ -0.8 & -1 & 2.8 \end{bmatrix}
$$

又有：

$$
W = B^T P l = \begin{bmatrix} 1 & -1 & 0 & 0 & -1 & 0 \\ 0 & 0 & 0 & 1 & 1 & 1 \\ 0 & 1 & -1 & -1 & 0 & 0 \end{bmatrix} \begin{bmatrix} 1 & 0 & 0 & 0 & 0 & 0 \\ 0 & 1 & 0 & 0 & 0 & 0 \\ 0 & 0 & 2 & 0 & 0 & 0 \\ 0 & 0 & 0 & 1 & 0 & 0 \\ 0 & 0 & 0 & 0 & 0.8 & 0 \\ 0 & 0 & 0 & 0 & 0 & 1 \end{bmatrix} \begin{bmatrix} 0 \\ 7 \\ 0 \\ -13 \\ 0 \\ 0 \end{bmatrix} = \begin{bmatrix} -7 \\ 20 \\ -13 \end{bmatrix}
$$

$$
N_{bb}^{-1} = \begin{bmatrix} 0.472\,222 & 0.166\,667 & 0.194\,444 \\ 0.166\,667 & 0.333\,333 & 0.166\,667 \\ 0.194\,444 & 0.166\,667 & 0.472\,222 \end{bmatrix}
$$

由此得：

$$\hat{x} = N_{bb}^{-1} W = \begin{bmatrix} -2.50 \\ 3.33 \\ -4.17 \end{bmatrix} mm$$

$$\hat{X} = X^0 + \hat{x} = \begin{bmatrix} 6.0975 \\ 8.4943 \\ 9.4998 \end{bmatrix} m$$

（10）解：

①本题中，$n = 7$，$t = 4$，$r = 3$。选取 1 个参数，P_2 点高程为 $\hat{X}_1$，即：

$$\hat{H}_{P_2} = \hat{X}_1 = X_1^0 + \hat{x}_1$$

取 $X_1^0 = H_A + h_1 + h_7 = 12.052m$，则可得 4 个条件方程为：

$$\begin{cases} \hat{h}_1 + \hat{h}_2 + \hat{h}_3 = 0 \\ \hat{h}_3 + \hat{h}_4 + \hat{h}_5 = 0 \\ \hat{h}_5 + \hat{h}_6 + \hat{h}_7 = 0 \\ \hat{H}_A + \hat{h}_1 + \hat{h}_7 - \hat{X}_1 = 0 \end{cases}$$

即：

$$\begin{bmatrix} 1 & 1 & 1 & 0 & 0 & 0 & 0 \\ 0 & 0 & 1 & 1 & 1 & 0 & 0 \\ 0 & 0 & 0 & 0 & 1 & 1 & 1 \\ 1 & 0 & 0 & 0 & 0 & 0 & 1 \end{bmatrix} \begin{bmatrix} v_1 \\ v_2 \\ v_3 \\ v_4 \\ v_5 \\ v_6 \\ v_7 \end{bmatrix} + \begin{bmatrix} 0 \\ 0 \\ 0 \\ -1 \end{bmatrix} \hat{x}_1 + \begin{bmatrix} 4 \\ 6 \\ -8 \\ 0 \end{bmatrix} = 0$$

$$A = \begin{bmatrix} 1 & 1 & 1 & 0 & 0 & 0 & 0 \\ 0 & 0 & 1 & 1 & 1 & 0 & 0 \\ 0 & 0 & 0 & 0 & 1 & 1 & 1 \\ 1 & 0 & 0 & 0 & 0 & 0 & 1 \end{bmatrix}, B = \begin{bmatrix} 0 \\ 0 \\ 0 \\ -1 \end{bmatrix}, W = \begin{bmatrix} 4 \\ 6 \\ -8 \\ 0 \end{bmatrix} mm$$

根据 $p_i = \dfrac{c}{S_i}$，可得：

$$P = \begin{bmatrix} 1 & 0 & 0 & 0 & 0 & 0 & 0 \\ 0 & 1 & 0 & 0 & 0 & 0 & 0 \\ 0 & 0 & 2 & 0 & 0 & 0 & 0 \\ 0 & 0 & 0 & 1 & 0 & 0 & 0 \\ 0 & 0 & 0 & 0 & 2 & 0 & 0 \\ 0 & 0 & 0 & 0 & 0 & 1 & 0 \\ 0 & 0 & 0 & 0 & 0 & 0 & 1 \end{bmatrix}, Q = \begin{bmatrix} 1 & 0 & 0 & 0 & 0 & 0 & 0 \\ 0 & 1 & 0 & 0 & 0 & 0 & 0 \\ 0 & 0 & 0.5 & 0 & 0 & 0 & 0 \\ 0 & 0 & 0 & 1 & 0 & 0 & 0 \\ 0 & 0 & 0 & 0 & 0.5 & 0 & 0 \\ 0 & 0 & 0 & 0 & 0 & 1 & 0 \\ 0 & 0 & 0 & 0 & 0 & 0 & 1 \end{bmatrix}$$

可得法方程系数阵为：

$$N_{ab} = AQA^T = \begin{bmatrix} 2.5 & 0.5 & 0 & 1 \\ 0.5 & 2 & 0.5 & 0 \\ 0 & 0.5 & 2.5 & 1 \\ 1 & 0 & 1 & 2 \end{bmatrix}$$

$$N_{ab}^{-1} = \begin{bmatrix} 0.6 & -0.2 & 0.2 & -0.4 \\ -0.2 & 0.6 & -0.2 & 0.2 \\ 0.2 & -0.2 & 0.6 & -0.4 \\ -0.4 & 0.2 & -0.4 & 0.9 \end{bmatrix}$$

又有：

$$N_{bb} = B^T N_{aa}^{-1} B = \begin{bmatrix} 0.4 & -0.2 & 0.4 & -0.9 \end{bmatrix} \begin{bmatrix} 0 \\ 0 \\ 0 \\ -1 \end{bmatrix} = 0.9$$

可得：

$$N_{bb}^{-1} = 1.111\ 111$$

②根据附有参数的条件平差法，得到：

$$\begin{bmatrix} N_{aa} & B \\ B^T & 0 \end{bmatrix} \begin{bmatrix} K \\ \hat{x} \end{bmatrix} + \begin{bmatrix} W \\ 0 \end{bmatrix} = 0$$

因此，法方程为：

$$\begin{bmatrix} 2.5 & 0.5 & 0 & 1 & 0 \\ 0.5 & 2 & 0.5 & 0 & 0 \\ 0 & 0.5 & 2.5 & 1 & 0 \\ 1 & 0 & 1 & 2 & -1 \\ 0 & 0 & 0 & -1 & 0 \end{bmatrix} \begin{bmatrix} k_1 \\ k_2 \\ k_3 \\ k_4 \\ \hat{x}_1 \end{bmatrix} + \begin{bmatrix} 4 \\ 6 \\ -8 \\ 0 \\ 0 \end{bmatrix} = 0$$

③观测值的改正数及平差值为：

$$\hat{x}_1 = \hat{x} = -N_{bb}^{-1} B^T N_{ab}^{-1} W$$

$$= -1.111\ 111 \times (-2.8) = 3.111\ 111 \text{mm}$$

根据：

$$V = -QA^T N_{ab}^{-1} (W + B\hat{x})$$

得：

$$V = \begin{bmatrix} -3.69 \\ 1.64 \\ -1.69 \\ -5.02 \\ 0.71 \\ 6.44 \\ 0.84 \end{bmatrix} \text{mm}, \quad \hat{h} = \begin{bmatrix} 1.2660 \\ -3.3784 \\ 2.1123 \\ 1.6080 \\ -3.7203 \\ 2.9374 \\ 0.7828 \end{bmatrix} \text{m}$$

④单位权中误差的计算如下：

$$\hat{\sigma}_0^2 = \frac{V^T P V}{r} = \frac{92.5333}{3} = 30.8444 \text{mm}^2$$

$$\hat{\sigma}_0 = 5.6 \text{mm}$$

$$Q_{\hat{X}_1 \hat{X}_1} = Q_{\hat{X} \hat{X}} = N_{bb}^{-1} = 1.111\ 111$$

$$\sigma_{X_1} = \sigma_0 \sqrt{Q_{\hat{X}_1 \hat{X}_1}} = 5.6 \times \sqrt{1.111\ 1} = 5.9 \text{mm}$$

（11）解：由题意可知 $n = 3$，$t = 1$，令 $\hat{X}_1 = H_D$，取 $\hat{X}_1 = X_1^0 + \hat{x}_1 = H_A + h_1 + \hat{x}_1 = 56.996 + \hat{x}_1$，列出误差方程为：

$$\begin{cases} h_1 + v_1 = \hat{X}_1 - H_A \\ h_2 + v_2 = \hat{X}_1 - H_B \\ h_3 + v_3 = \hat{X}_1 - H_C \end{cases}$$

可得：

$$\begin{bmatrix} v_1 \\ v_2 \\ v_3 \end{bmatrix} = B\hat{x} - l = \begin{bmatrix} 1 \\ 1 \\ 1 \end{bmatrix} \hat{x}_1 - \begin{bmatrix} 0 \\ 20 \\ 6 \end{bmatrix}, \quad P = \begin{bmatrix} 1 & 0 & 0 \\ 0 & 2 & 0 \\ 0 & 0 & 1 \end{bmatrix}$$

式中：l 的单位为毫米（mm）。

法方程系数阵为：

$$N_{bb} = B^T P B = \begin{bmatrix} 1 & 1 & 1 \end{bmatrix} \begin{bmatrix} 1 & 0 & 0 \\ 0 & 2 & 0 \\ 0 & 0 & 1 \end{bmatrix} \begin{bmatrix} 1 \\ 1 \\ 1 \end{bmatrix} = 4 \text{mm}$$

又有：

$$W = B^T P l = \begin{bmatrix} 1 & 1 & 1 \end{bmatrix} \begin{bmatrix} 1 & 0 & 0 \\ 0 & 2 & 0 \\ 0 & 0 & 1 \end{bmatrix} \begin{bmatrix} 0 \\ 20 \\ 6 \end{bmatrix} = 46 \text{mm}$$

由此得：

$$N_{bb}^{-1} = \frac{1}{4}$$

$$\hat{X}_1 = \hat{x} = N_{bb}^{-1} W = 11.5 \text{mm}$$

$$\hat{X}_1 = X_1^0 + \hat{x}_1 = 57.0075 \text{m}$$

根据：

$$V = B\hat{x} - l = \begin{bmatrix} 11.5 \\ -8.5 \\ 5.5 \end{bmatrix} \text{mm}$$

$$\hat{\sigma}_{H_P} = \sqrt{\frac{V^T P V}{n - t}} = \sqrt{\frac{307}{2}} = 12.4 \text{mm}$$

可得：

$$\sigma_{H_P} = \sigma_0 \sqrt{\frac{1}{P_D}} = 12.4 \sqrt{\frac{1}{4}} = 6.2 \text{mm}$$

（12）解：

①条件平差法

本题中，$n=6$，$t=3$，$r=n-t=3$，可列出 3 个条件方程为：

$$\begin{cases} \hat{h}_2 + \hat{h}_4 - \hat{h}_5 = 0 \\ H_B + \hat{h}_1 + \hat{h}_2 - \hat{h}_3 - H_C = 0 \\ H_B + \hat{h}_1 + \hat{h}_5 - \hat{h}_6 - H_A = 0 \end{cases}$$

即：

$$\begin{cases} v_2 + v_4 - v_5 - 3 = 0 \\ v_1 + v_2 - v_3 + 93 = 0 \\ v_1 + v_5 - v_6 - 1 = 0 \end{cases}$$

式中：闭合差单位为毫米（mm）。

令 $c=4$，根据 $p_i = \dfrac{c}{S_i}$，得：

$$p_1 = \frac{c}{S_1} = 1,\ p_2 = \frac{c}{S_2} = 2,\ p_3 = \frac{c}{S_3} = 1,\ p_4 = \frac{c}{S_4} = 2,\ p_5 = \frac{c}{S_5} = 2,\ p_6 = \frac{c}{S_6} = 1$$

即：

$$P = \begin{bmatrix} 1 & 0 & 0 & 0 & 0 & 0 \\ 0 & 2 & 0 & 0 & 0 & 0 \\ 0 & 0 & 1 & 0 & 0 & 0 \\ 0 & 0 & 0 & 2 & 0 & 0 \\ 0 & 0 & 0 & 0 & 2 & 0 \\ 0 & 0 & 0 & 0 & 0 & 1 \end{bmatrix}, \quad Q = \begin{bmatrix} 1 & 0 & 0 & 0 & 0 & 0 \\ 0 & 0.5 & 0 & 0 & 0 & 0 \\ 0 & 0 & 1 & 0 & 0 & 0 \\ 0 & 0 & 0 & 0.5 & 0 & 0 \\ 0 & 0 & 0 & 0 & 0.5 & 0 \\ 0 & 0 & 0 & 0 & 0 & 1 \end{bmatrix}$$

可得法方程系数阵为：

$$N_{aa} = AQA^T = \begin{bmatrix} 1.5 & 0.5 & -0.5 \\ 0.5 & 2.5 & 1 \\ -0.5 & 1 & 2.5 \end{bmatrix}$$

$$N_{aa}^{-1} = \begin{bmatrix} 0.8571 & -0.2857 & 0.2857 \\ -0.2857 & 0.5714 & -0.2857 \\ 0.2857 & -0.2857 & 0.5714 \end{bmatrix}$$

则：

$$K = -N_{aa}^{-1}W = \begin{bmatrix} 29.4 \\ -54.3 \\ 28 \end{bmatrix}$$

可得：

$$V = \begin{bmatrix} -26.3 \\ -12.4 \\ 54.3 \\ 14.7 \\ -0.7 \\ -28 \end{bmatrix} \text{mm}, \quad \hat{h} = \begin{bmatrix} 1.0737 \\ 3.3866 \\ 0.2543 \\ 1.0167 \\ 4.4033 \\ 3.4240 \end{bmatrix} \text{m}$$

因此有：

$$\hat{H} = \begin{bmatrix} \hat{H}_{P_1} \\ \hat{H}_{P_2} \\ \hat{H}_{P_3} \end{bmatrix} = \begin{bmatrix} 54.0207 \\ 57.4073 \\ 58.4240 \end{bmatrix} m$$

检核：

$$\hat{h}_2 + \hat{h}_4 - \hat{h}_5 = 3.3866 + 1.0167 - 4.4033 = 0$$

故知以上平差计算无误。

②间接平差法

本题中，$n = 6$，$t = 3$，令 $\hat{X}_1 = H_{P_1}$，$\hat{X}_2 = H_{P_2}$，$\hat{X}_3 = H_{P_3}$，得：

$$\hat{X}_1 = X_1^0 + \hat{X}_1 = H_B + h_1 + \hat{x}_1 = 54.047 + \hat{x}_1$$
$$\hat{X}_2 = X_2^0 + \hat{X}_2 = H_C + h_3 + \hat{x}_2 = 57.353 + \hat{x}_2$$
$$\hat{X}_3 = X_3^0 + \hat{X}_3 = H_A + h_6 + \hat{x}_3 = 58.452 + \hat{x}_3$$

则误差方程为：

$$\begin{cases} h_1 + v_1 = \hat{X}_1 - H_B \\ h_2 + v_2 = \hat{X}_2 - \hat{X}_1 \\ h_3 + v_3 = \hat{X}_2 - H_C \\ h_4 + v_4 = \hat{X}_3 - \hat{X}_2 \\ h_5 + v_5 = \hat{X}_3 - \hat{X}_1 \\ h_6 + v_6 = \hat{X}_3 - H_A \end{cases}$$

$$\begin{bmatrix} v_1 \\ v_2 \\ v_3 \\ v_4 \\ v_5 \\ v_6 \end{bmatrix} = B\hat{x} - l = \begin{bmatrix} 1 & 0 & 0 \\ -1 & 1 & 0 \\ 0 & 1 & 0 \\ 0 & -1 & 1 \\ -1 & 0 & 1 \\ 0 & 0 & 1 \end{bmatrix} \begin{bmatrix} \hat{x}_1 \\ \hat{x}_2 \\ \hat{x}_3 \end{bmatrix} - \begin{bmatrix} 0 \\ 93 \\ 0 \\ -97 \\ -1 \\ 0 \end{bmatrix} mm$$

式中：l 的单位为毫米（mm）。

根据 $p = \dfrac{c}{S_i}$，令 $c = 2$，则：

$$P = \begin{bmatrix} 1 & 0 & 0 & 0 & 0 & 0 \\ 0 & 2 & 0 & 0 & 0 & 0 \\ 0 & 0 & 1 & 0 & 0 & 0 \\ 0 & 0 & 0 & 2 & 0 & 0 \\ 0 & 0 & 0 & 0 & 2 & 0 \\ 0 & 0 & 0 & 0 & 0 & 1 \end{bmatrix}, \quad Q = \begin{bmatrix} 1 & 0 & 0 & 0 & 0 & 0 \\ 0 & 0.5 & 0 & 0 & 0 & 0 \\ 0 & 0 & 1 & 0 & 0 & 0 \\ 0 & 0 & 0 & 0.5 & 0 & 0 \\ 0 & 0 & 0 & 0 & 0.5 & 0 \\ 0 & 0 & 0 & 0 & 0 & 1 \end{bmatrix}$$

法方程系数阵为：

$$N_{bb} = B^{T}PB = \begin{bmatrix} 1 & -1 & 0 & 0 & -1 & 0 \\ 0 & 1 & 1 & -1 & 0 & 0 \\ 0 & 0 & 0 & 1 & 1 & 1 \end{bmatrix} \begin{bmatrix} 1 & 0 & 0 & 0 & 0 & 0 \\ 0 & 2 & 0 & 0 & 0 & 0 \\ 0 & 0 & 1 & 0 & 0 & 0 \\ 0 & 0 & 0 & 2 & 0 & 0 \\ 0 & 0 & 0 & 0 & 2 & 0 \\ 0 & 0 & 0 & 0 & 0 & 1 \end{bmatrix} \begin{bmatrix} 1 & 0 & 0 \\ -1 & 1 & 0 \\ 0 & 1 & 0 \\ 0 & -1 & 1 \\ -1 & 0 & 1 \\ 0 & 0 & 1 \end{bmatrix}$$

又有：

$$W = B^{T}PT = \begin{bmatrix} 1 & -1 & 0 & 0 & -1 & 0 \\ 0 & 1 & 1 & -1 & 0 & 0 \\ 0 & 0 & 0 & 1 & 1 & 1 \end{bmatrix} \begin{bmatrix} 1 & 0 & 0 & 0 & 0 & 0 \\ 0 & 2 & 0 & 0 & 0 & 0 \\ 0 & 0 & 1 & 0 & 0 & 0 \\ 0 & 0 & 0 & 2 & 0 & 0 \\ 0 & 0 & 0 & 0 & 2 & 0 \\ 0 & 0 & 0 & 0 & 0 & 1 \end{bmatrix} \begin{bmatrix} 0 \\ 93 \\ 0 \\ -97 \\ -1 \\ 0 \end{bmatrix}$$

$$= \begin{bmatrix} -184 \\ 38 \\ -196 \end{bmatrix} \text{mm}$$

$$N_{bb}^{-1} = \frac{1}{7} \begin{bmatrix} 3 & 2 & 2 \\ 2 & 3 & 2 \\ 2 & 2 & 3 \end{bmatrix}$$

由此得：

$$\hat{x} = N_{bb}^{-1}W = \begin{bmatrix} -26.3 \\ 54.3 \\ -28.0 \end{bmatrix} \text{mm}$$

$$\hat{X} = \begin{bmatrix} H_{P_1} \\ H_{P_2} \\ H_{P_3} \end{bmatrix} = \begin{bmatrix} 54.047 \\ 57.358 \\ 58.452 \end{bmatrix} + \begin{bmatrix} -0.0263 \\ 0.0543 \\ -0.0280 \end{bmatrix} = \begin{bmatrix} 54.0207 \\ 57.4073 \\ 58.4240 \end{bmatrix} \text{m}$$

则：

$$V = B\hat{x} - l = \begin{bmatrix} -26.3 \\ -12.4 \\ 54.3 \\ 14.7 \\ -0.7 \\ -28 \end{bmatrix} \text{mm}$$

（13）解：由题意得条件平差 $n = 7$，$t = 3$，$r = n - t = 4$，可列出 4 个条件方程为：

$$\begin{cases} \hat{h}_1 - \hat{h}_2 + \hat{h}_5 = 0 \\ \hat{h}_5 + \hat{h}_6 - \hat{h}_7 = 0 \\ -\hat{h}_3 + \hat{h}_4 + \hat{h}_6 = 0 \\ H_A + \hat{h}_1 - \hat{h}_3 - H_B = 0 \end{cases}$$

即：

$$\begin{cases} v_1 - v_2 + v_5 + 7 = 0 \\ v_5 + v_6 - v_7 + 7 = 0 \\ -v_3 + v_4 + v_6 + 1 = 0 \\ v_1 - v_3 - 4 = 0 \end{cases}$$

式中：闭合差的单位为毫米（mm）。

令 $c = 2$，根据 $p_i = \dfrac{c}{S_i}$，得：

$$P = \begin{bmatrix} 2 & 0 & 0 & 0 & 0 & 0 & 0 \\ 0 & 2 & 0 & 0 & 0 & 0 & 0 \\ 0 & 0 & 1 & 0 & 0 & 0 & 0 \\ 0 & 0 & 0 & 1 & 0 & 0 & 0 \\ 0 & 0 & 0 & 0 & 2 & 0 & 0 \\ 0 & 0 & 0 & 0 & 0 & 2 & 0 \\ 0 & 0 & 0 & 0 & 0 & 0 & 1 \end{bmatrix}$$

则法方程系数阵为：

$$N_{aa} = AQA^T = \begin{bmatrix} 1.5 & 0.5 & 0 & 0.5 \\ 0.5 & 2 & 0.5 & 0 \\ 0 & 0.5 & 2.5 & 1 \\ 0.5 & 0 & 1 & 1.5 \end{bmatrix}$$

由：

$$N_{aa}^{-1} = \begin{bmatrix} 0.9213 & -0.2921 & 0.2472 & -0.4719 \\ -0.2921 & 0.6292 & -0.2247 & 0.2472 \\ 0.2472 & -0.2247 & 0.6517 & -0.5168 \\ -0.4719 & 0.2472 & -0.5168 & 1.1685 \end{bmatrix}$$

$$Q = P^{-1} = \begin{bmatrix} 0.5 & 0 & 0 & 0 & 0 & 0 & 0 \\ 0 & 0.5 & 0 & 0 & 0 & 0 & 0 \\ 0 & 0 & 1 & 0 & 0 & 0 & 0 \\ 0 & 0 & 0 & 1 & 0 & 0 & 0 \\ 0 & 0 & 0 & 0 & 0.5 & 0 & 0 \\ 0 & 0 & 0 & 0 & 0 & 0.5 & 0 \\ 0 & 0 & 0 & 0 & 0 & 0 & 1 \end{bmatrix}$$

$$K = -N_{aa}^{-1} W = \begin{bmatrix} -6.539 \\ -1.146 \\ -2.876 \\ 6.794 \end{bmatrix}$$

可得：

$$V = QA^T K = \begin{bmatrix} 0.112 \\ 3.270 \\ -3.888 \\ -2.876 \\ -3.843 \\ -2.011 \\ 1.146 \end{bmatrix} mm$$

$$\hat{h} = h + V = \begin{bmatrix} 1.3591 \\ 2.0123 \\ 11.3591 \\ 10.3611 \\ 0.6532 \\ 0.9980 \\ 1.6511 \end{bmatrix} m$$

$$\hat{\sigma}_0 = \sqrt{\frac{V^T P V}{n-t}} = \sqrt{\frac{83.7303}{4}} = 4.58 mm$$

$$Q_{\hat{h}\hat{h}} = Q - QA^T N_{aa}^{-1} A Q$$

$$= \begin{bmatrix} 0.2135 & 0.1124 & 0.2135 & 0.1348 & -0.1011 & 0.0787 & -0.0225 \\ 0.1124 & 0.2697 & 0.1124 & 0.1236 & 0.1573 & -0.0112 & 0.1461 \\ 0.2135 & 0.1124 & 0.2135 & 0.1348 & -0.1011 & 0.0787 & -0.0225 \\ 0.2135 & 0.1124 & 0.2135 & 0.1348 & -0.0112 & -0.2135 & -0.2247 \\ -0.1011 & 0.1573 & -0.1011 & -0.0112 & 0.2584 & -0.2921 & 0.2022 \\ 0.0787 & -0.0112 & 0.0787 & -0.2135 & -0.0899 & 0.2921 & 0.2022 \\ -0.0225 & 0.1451 & -0.0225 & -0.2247 & 0.1685 & 0.2022 & 0.3708 \end{bmatrix}$$

$$\sigma P_1 P_2 = \sigma_0 \sqrt{Q_{h_5 h_5}} = 4.58 \sqrt{0.2584} = 2.33 mm$$

（14）解：

①由题意得，$n=5$，$t=3$，令$\hat{X}_1 = H_{P_1}$，$\hat{X}_2 = H_{P_2}$，$\hat{X}_3 = H_{P_3}$，得：

$$\begin{cases} \hat{X}_1 = X_1^0 + \hat{x}_1 = H_A + h_1 + \hat{x}_1 = 11.015 + \hat{x}_1 \\ \hat{X}_2 = X_2^0 + \hat{x}_2 = H_A - h_2 + \hat{x}_2 = 22.570 + \hat{x}_2 \\ \hat{X}_3 = X_3^0 + \hat{x}_3 = H_A + h_3 + \hat{x}_3 = 16.161 + \hat{x}_3 \end{cases}$$

可列出误差方程为：

$$\begin{cases} h_1 + v_1 = \hat{X}_1 - H_A \\ h_2 + v_2 = H_A - \hat{X}_2 \\ h_3 + v_3 = \hat{X}_3 - H_A \\ h_4 + v_4 = \hat{X}_1 - \hat{X}_2 \\ h_5 + v_5 = \hat{X}_2 - \hat{X}_3 \end{cases}$$

即：

$$\begin{bmatrix} v_1 \\ v_2 \\ v_3 \\ v_4 \\ v_5 \end{bmatrix} = B\hat{x} - l = \begin{bmatrix} 1 & 0 & 0 \\ 0 & -1 & 0 \\ 0 & 0 & 1 \\ 1 & -1 & 0 \\ 0 & 1 & -1 \end{bmatrix} \begin{bmatrix} \hat{x}_1 \\ \hat{x}_2 \\ \hat{x}_3 \end{bmatrix} - \begin{bmatrix} 0 \\ 0 \\ 0 \\ -8 \\ 5 \end{bmatrix}, \quad P = 1$$

式中：l 的单位为毫米（mm）。

法方程系数阵为：

$$N_{bb} = B^T P B = \begin{bmatrix} 1 & 0 & 0 & 1 & 0 \\ 0 & -1 & 0 & -1 & 1 \\ 0 & 0 & 1 & 0 & -1 \end{bmatrix} \begin{bmatrix} 1 & 0 & 0 & 0 & 0 \\ 0 & 1 & 0 & 0 & 0 \\ 0 & 0 & 1 & 0 & 0 \\ 0 & 0 & 0 & 1 & 0 \\ 0 & 0 & 0 & 0 & 1 \end{bmatrix} \begin{bmatrix} 1 & 0 & 0 \\ 0 & -1 & 0 \\ 0 & 0 & 1 \\ 1 & -1 & 0 \\ 0 & 1 & -1 \end{bmatrix}$$

$$= \begin{bmatrix} 2 & -1 & 0 \\ -1 & 3 & -1 \\ 0 & -1 & 2 \end{bmatrix}$$

又有：

$$W = B^T P l = \begin{bmatrix} 1 & 0 & 0 & 1 & 0 \\ 0 & -1 & 0 & -1 & 1 \\ 0 & 0 & 1 & 0 & -1 \end{bmatrix} \begin{bmatrix} 1 & 0 & 0 & 0 & 0 \\ 0 & 1 & 0 & 0 & 0 \\ 0 & 0 & 1 & 0 & 0 \\ 0 & 0 & 0 & 1 & 0 \\ 0 & 0 & 0 & 0 & 1 \end{bmatrix} \begin{bmatrix} 0 \\ 0 \\ 0 \\ -8 \\ 5 \end{bmatrix} = \begin{bmatrix} -8 \\ 13 \\ -5 \end{bmatrix}$$

$$N_{bb}^{-1} = \begin{bmatrix} 0.625 & 0.250 & 0.125 \\ 0.250 & 0.500 & 0.250 \\ 0.125 & 0.250 & 0.625 \end{bmatrix}$$

由此得：

$$\hat{X} = \begin{bmatrix} \hat{H}_{P_1} \\ \hat{H}_{P_2} \\ \hat{H}_{P_3} \end{bmatrix} = \begin{bmatrix} 11.015 \\ 22.570 \\ 16.161 \end{bmatrix} + \begin{bmatrix} -0.00238 \\ 0.00325 \\ 0.0008 \end{bmatrix} = \begin{bmatrix} 11.0126 \\ 22.5732 \\ 16.1601 \end{bmatrix} \text{m}$$

②由以上结果可得：

$$V = B\hat{x} - l = \begin{bmatrix} -2.375 \\ -3.250 \\ -0.875 \\ 2.375 \\ -0.875 \end{bmatrix}$$

$$h = h + V = \begin{bmatrix} 1.0126 \\ -12.5733 \\ 6.1601 \\ -11.5606 \\ 6.4131 \end{bmatrix} m$$

$$\hat{\sigma}_0 = \sqrt{\frac{V^T P V}{n - t}} = \sqrt{\frac{23.375}{2}} = 3.4 \, mm$$

平差后，P_1 至 P_3 点间的高差平差值为：

$$h_{P_1 P_3} = \hat{X}_3 - \hat{X}_1 = 16.1601 - 11.0126 = 5.1475 \, m$$

因为：

$$h_{P_1 P_3} = -\hat{X}_1 + \hat{X}_3 = \begin{bmatrix} -1 & 0 & 1 \end{bmatrix} \begin{bmatrix} \hat{X}_1 \\ \hat{X}_2 \\ \hat{X}_3 \end{bmatrix} = F^T \hat{X}$$

所以，根据协因数传播律得：

$$Q_{H_{P_1 P_3}} = F^T Q_{XX} F = \begin{bmatrix} -1 & 0 & 1 \end{bmatrix} N_{bb}^{-1} \begin{bmatrix} -1 \\ 0 \\ 1 \end{bmatrix} = 1$$

$$\hat{\sigma}_{h_{P_1 P_3}} = \hat{\sigma}_0 \sqrt{Q_{h_{P_1 P_3}}} = 3.4 \, mm$$

项目五　平面控制网平差实例

5.1　知识点汇编

5.1.1　附合导线条件平差中的条件方程

（1）附合导线条件方程

附合导线包含 3 个条件方程，即 1 个方位角附合条件和 2 个坐标附合条件。

方位角附合条件为：

$$v_{\beta_1} + v_{\beta_2} + v_{\beta_3} + \cdots + v_{\beta_n} + v_{\beta_{n+1}} + \omega_a = 0$$

式中：

$$\omega_a = \alpha_{AB} + \sum_{i=1}^{n+1} \beta_i \pm n \times 180° - \alpha_{CD}$$

坐标附合条件为：

$$\begin{cases} \sum_{i=1}^{n} \cos a_i v_{s_i} + \dfrac{1}{\beta''} \sum_{i=1}^{n} (y_{n+1} - y_i) v_{\beta_i} + \omega_x = 0 \\ \sum_{i=1}^{n} \sin a_i v_{s_i} + \dfrac{1}{\beta''} \sum_{i=1}^{n} (x_{n+1} - x_i) v_{\beta_i} + \omega_y = 0 \end{cases}$$

（2）边角权的确定

权的确定公式为：

$$p_\beta = \frac{\sigma_0^2}{\sigma_\beta^2}, \quad p_s = \frac{\sigma_0^2}{\sigma_s^2}$$

一般取 $\sigma_0 = \sigma_\beta$，则：

$$p_\beta = 1, \quad p_s = \frac{\sigma_\beta^2}{\sigma_s^2}$$

（3）附合导线的精度评定

①单位权中误差为：

$$\hat{\sigma}_0 = \sqrt{\frac{[pvv]}{r}} = \sqrt{\frac{[p_\beta v_\beta v_\beta] + [p_s v_s v_s]}{r}}$$

②测边中误差为：

$$\hat{\sigma}_{s_i} = \hat{\sigma}_0 \sqrt{\frac{1}{p_{s_i}}}$$

③点坐标平差值的权函数式为：

$$\begin{cases} v_{f_{X_i}} = \sum_{j=1}^{i} \cos a_j v_{s_j} - \sum_{j=1}^{i} \frac{y_i - y_j}{\rho''} v_{\beta_j} \\ v_{f_{Y_i}} = \sum_{j=1}^{i} \sin a_j v_{s_j} - \sum_{j=1}^{i} \frac{x_i - x_j}{\rho''} v_{\beta_j} \end{cases}$$

闭合导线坐标条件为：

$$\begin{cases} \sum_{i=1}^{n} \cos a_i v_{s_i} - \frac{1}{\rho''} \sum_{i=1}^{n} (y_{n+1} - y_i) v_{\beta_i} + \omega_x = 0 \\ \sum_{i=1}^{n} \sin a_i v_{s_i} + \frac{1}{\rho''} \sum_{i=1}^{n} (x_{n+1} - x_i) v_{\beta_i} + \omega_y = 0 \end{cases}$$

式中：

$$\omega_x = \sum_{i=1}^{n} \Delta x_i = x_{n+1} - x_1$$

$$\omega_y = \sum_{i=1}^{n} \Delta y_i = y_{n+1} - y_1$$

5.1.2　三角形网间接平差中的误差方程

（1）角度误差方程

如图 5-1 所示，角度观测值 l_i 的误差方程为：

$$v_i = \rho'' \left[\frac{\Delta Y_{jh}^0}{(S_{jh}^0)^2} - \frac{\Delta Y_{jk}^0}{(S_{jk}^0)^2} \right] \hat{x}_j - \rho'' \left[\frac{\Delta X_{jh}^0}{(S_{jh}^0)^2} - \frac{\Delta X_{jk}^0}{(S_{jk}^0)^2} \right] \hat{y}_j - $$

$$\rho'' \frac{\Delta Y_{jh}^0}{(S_{jh}^0)^2} \hat{x}_h + \rho'' \frac{\Delta X_{jh}^0}{(S_{jh}^0)^2} \hat{y}_h + \rho'' \frac{\Delta Y_{jk}^0}{(S_{jk}^0)^2} \hat{x}_k - \rho'' \frac{\Delta X_{jk}^0}{(S_{jk}^0)^2} \hat{y}_k - l_i$$

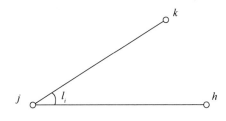

图 5-1　角度平差

（2）测边误差方程

如图 5-2 所示，测边坐标误差方程的一般形式为：

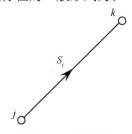

图 5-2　边长平差

$$v_{s_i} = -\frac{\Delta X_{jk}^0}{S_{jk}^0}\hat{x}_j - \frac{\Delta Y_{jk}^0}{S_{jk}^0}\hat{y}_j + \frac{\Delta X_{jk}^0}{S_{jk}^0}\hat{x}_k + \frac{\Delta Y_{jk}^0}{S_{jk}^0}\hat{y}_k - l_i$$

（3）参数接近值计算

①如图 5-3 所示，测角网近似坐标计算公式（余切公式）为：

$$X_p = \frac{X_A \cot\beta + X_B \cot\alpha + (Y_B - Y_A)}{\cot\alpha + \cot\beta}$$

$$Y_p = \frac{Y_A \cot\beta + Y_B \cot\alpha + (X_B - X_A)}{\cot\alpha + \cot\beta}$$

②如图 5-4 所示，测边网近似坐标计算公式为：

$$l = \frac{L_1^2 + \overline{AB}^2 - L_2^2}{2\,\overline{AB}}, \quad h = \sqrt{L_1^2 - t^2}, \quad \cos\alpha_{AB} = \frac{X_B - X_A}{\overline{AB}}, \quad \sin\alpha_{AB} = \frac{Y_B - Y_A}{\overline{AB}}$$

待定点 D 的坐标的近似值为：

$$\begin{cases} X_D^0 = X_A + l\cos\alpha_{AB} + h\sin\alpha_{AB} \\ Y_D^0 = Y_A + l\sin\alpha_{AB} + h\cos\alpha_{AB} \end{cases}$$

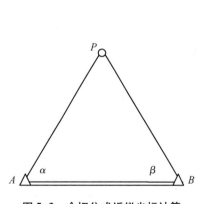

图 5-3　余切公式近似坐标计算

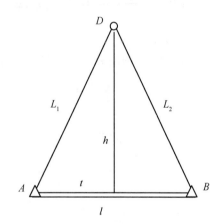

图 5-4　测边网近似坐标计算

5.2　技能测试

5.2.1　技能测试题

（1）独立测角网由哪些条件构成？

（2）角度观测值按坐标平差，其误差方程式如何建立？试写出角度误差方程的一般形式。

（3）边长观测值按坐标平差，其误差方程式如何建立？试写出边长误差方程的一般形式。

（4）对既有边长观测值又有角度观测值的平面控制网，按间接平差法平差，如何确定两类不同类型观测值的权？

（5）对同一平差问题，采用条件平差和间接平差，获得的结果是否相同？

（6）试用文字符号列出如图 5-5 所示各三角网的条件方程式。

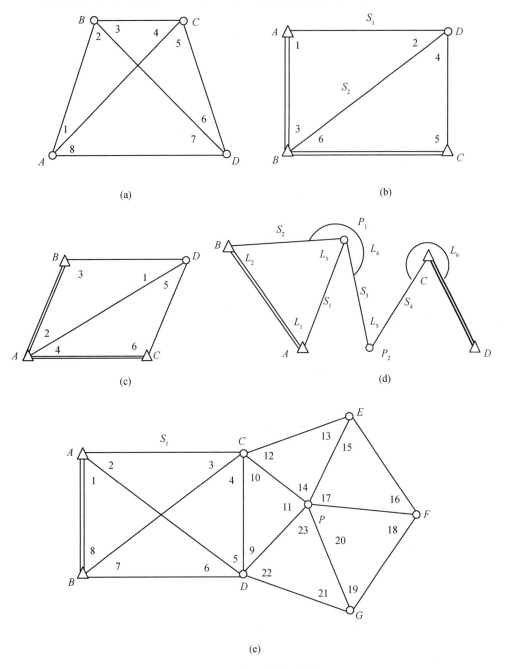

图 5-5　各种不同的三角网

（7）如图 5-6 所示的测角三角网，各观测值为：

$L_1 = 66°59'22''$，$L_2 = 39°20'51''$，$L_3 = 67°49'42''$，$L_4 = 40°48'53''$，

$L_5 = 47°31'05''$，$L_6 = 56°08'43''$，$L_7 = 58°47'21''$，$L_8 = 64°43'27''$，

$L_9 = 31°48'48''$, $L_{10} = 65°51'43''$, $L_{11} = 73°39'33''$, $L_{12} = 71°21'32''$,

$L_{13} = 76°19'44''$, $L_{14} = 56°19'36''$, $L_{15} = 82°19'22''$

试按条件平差法求观测值的平差值，并列出单位权中误差。

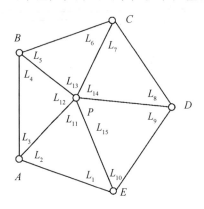

图 5-6 测角网

（8）同精度测得如图 5-7 中的三条边长，其结果为：

$$L_1 = 387.363\text{m}, \quad L_2 = 306.065\text{m}, \quad L_3 = 354.862\text{m}$$

已知 A、B、C 的起算数据如表 5-1 所示。试列出误差方程并求平差值。

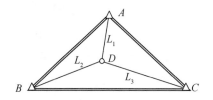

图 5-7 测边网

表 5-1 起算数据

点名	坐标		边长 S (m)	方位角 α		
	X (m)	Y (m)		（° ′ ″）		
A	2692.201	5203.153	—	—		
			603.608	186	44	26.4
B	2092.765	5132.304				
			545.984	77	32	13.3
C	2210.593	5665.422				
			667.562	316	10	25.6
A	—	—	—	—		

（9）在如图 5-8 所示的闭合导线，观测 4 条边长和 5 个左转折角已知测角中误差 $\sigma_\beta = 1''$，边长中误差 $\sigma_{S_i} = 0.2\sqrt{S_i}$（mm），$S_i$ 以米为单位，计算起算数据为：

$$X_A = X_B = 2272.045\text{m}, Y_A = Y_B = 5071.330\text{m}, \alpha_A = 224°04'09'', \alpha_B = 44°04'09''$$

观测值如表 5-2 所示。试按间接平差：

①列出条件方程和法方程。

②求改正数和平差值。

③求导线点 P_2、P_3、P_4 的坐标平差值。

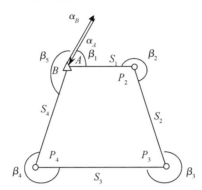

图 5-8 闭合导线

表 5-2 观测值

角	坐标方位角（° ′ ″）	边	边长（m）
β_1	92 49 45	S_1	505.195
β_2	316 43 55	S_2	312.482
β_3	205 08 26	S_3	272.717
β_4	284 35 24	S_4	300.595
β_5	180 42 33	—	—

（10）在如图 5-9 所示的测角网中，A、B、C 为已知三角点，P 点为待定点，起算数据及观测值如表 5-3、表 5-4 所示。试用坐标平差法求待定点 P 的坐标值及其点位中误差。

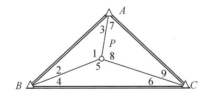

图 5-9 测角网

表 5-3 起算数据

点名	坐标		坐标方位角	边长（m）
	X（m）	Y（m）	（° ′ ″）	
A	8864.53	5392.58	45 16 38.0	—
				6751.24
B	13615.22	10189.47	149 19 03.0	
				8250.04
C	6520.12	14399.3	284 35 24.0	
				9306.84
A	—	—		—

表5-4　角度观测值

角名	角值 (°　′　″)	角名	角值 (°　′　″)	角名	角值 (°　′　″)
1	106　50　42	4	28　26　12	7	33　40　50
2	30　52　47	5	127　48　39	8	125　20　38
3	42　16　40	6	23　45　11	9	20　58　25

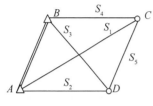

图5-10　测边网

（11）在如图5-10所示的测边网中，A、B点为已知点，C、D点为待定点。已知点坐标为A（0，0），B（22 141.335，0），单位为米，同精度测得边长观测值为：

$$S_1 = 27\ 908.62\text{m}, \quad S_2 = 20\ 044.592\text{m}, \quad S_3 = 36\ 577\ 032\text{m},$$
$$S_4 = 20\ 480.046\text{m}, \quad S_5 = 29\ 042.438\text{m}$$

设待定点的近似坐标为：

$$X_C^0 = 19\ 187.335\text{m}, \quad Y_C^0 = 20\ 265.887\text{m}$$
$$X_D^0 = -10\ 068.386\text{m}, \quad X_D^0 = 17\ 332.434\text{m}$$

试按间接平差求C、D点坐标平差值及其协因数阵。

5.2.2　技能测试题答案

（1）独立测角网由图形条件、圆周条件、极条件构成。

（2）角度误差方程为：

$$v_i = \rho''\left[\frac{\Delta Y_{jh}^0}{(S_{jh}^0)^2} - \frac{\Delta Y_{jk}^0}{(S_{jk}^0)^2}\right]\hat{x}_j - \rho''\left[\frac{\Delta x_{jh}^0}{(S_{jh}^0)^2} - \frac{\Delta X_{jk}^0}{(S_{jk}^0)^2}\right]\hat{y} -$$

$$\rho''\frac{\Delta Y_{jh}^0}{(S_{jh}^0)^2}\hat{x}_h + \rho''\frac{\Delta X_{jh}^0}{(S_{jh}^0)^2}\hat{y}_h + \rho''\frac{\Delta Y_{jk}^0}{(S_{jk}^0)^2}\hat{x}_k - \rho''\frac{\Delta X_{jk}^0}{(S_{jk}^0)^2}\hat{y}_k - l_i$$

（3）边长误差方程为：

$$v_{s_i} = -\frac{\Delta X_{jk}^0}{S_{jk}^0}\hat{x}_j - \frac{\Delta Y_{jk}^0}{S_{jk}^0}\hat{y}_j + \frac{\Delta X_{jk}^0}{S_{jk}^0}\hat{x}_k + \frac{\Delta Y_{jk}^0}{S_{jk}^0}\hat{y}_k - l_i$$

（4）权的确定：

$$p_\beta = \frac{\hat{\sigma}_0^2}{\hat{\sigma}_\beta^2}, \quad p_s = \frac{\hat{\sigma}_0^2}{\hat{\sigma}_s^2}$$

一般取$\hat{\sigma}_0 = \hat{\sigma}_\beta$，则：

$$p_\beta = 1, \quad p_s = \frac{\sigma_\beta^2}{\sigma_s^2}$$

（5）对同一平差问题，采用条件平差和间接平差，获得的结果是相同的。

（6）解：在图5-5（a）中，$n=8$，$t=4$，$r=n-t=4$，则有：

$$\begin{cases} \hat{L}_1 + \hat{L}_2 + \hat{L}_7 + \hat{L}_8 - 180 = 0 \\ \hat{L}_3 + \hat{L}_4 + \hat{L}_5 + \hat{L}_6 - 180 = 0 \\ \hat{L}_5 + \hat{L}_6 + \hat{L}_7 + \hat{L}_8 - 180 = 0 \\ \dfrac{\sin \hat{L}_1 \sin \hat{L}_3 \sin \hat{L}_5 \sin \hat{L}_7}{\sin \hat{L}_2 \sin \hat{L}_4 \sin \hat{L}_6 \sin \hat{L}_8} = 1 \end{cases}$$

在图 5-5（b）中，$n=9$，$t=2$，$r=n-t=7$，则有：

$$\begin{cases} \hat{L}_1 + \hat{L}_2 + \hat{L}_3 - 180 = 0 \\ \hat{L}_4 + \hat{L}_5 + \hat{L}_6 - 180 = 0 \\ \alpha_{BC} - \alpha_{BA} - \hat{L}_3 - \hat{L}_6 = 0 \\ \dfrac{\sin \hat{L}_2}{S_{AB}} = \dfrac{\sin \hat{L}_1}{\hat{S}_2} \\ \dfrac{\sin \hat{L}_2}{S_{AB}} = \dfrac{\sin \hat{L}_3}{\hat{S}_1} \\ \dfrac{\sin \hat{L}_4}{S_{BC}} = \dfrac{\sin \hat{L}_6}{\hat{S}_3} \\ \dfrac{\sin \hat{L}_4}{S_{BC}} = \dfrac{\sin \hat{L}_5}{\hat{S}_2} \end{cases}$$

在图 5-5（c）中，$n=6$，$t=2$，$r=n-t=4$，则有：

$$\begin{cases} \hat{L}_1 + \hat{L}_2 + \hat{L}_3 - 180 = 0 \\ \hat{L}_4 + \hat{L}_5 + \hat{L}_6 - 180 = 0 \\ \alpha_{AC} - \alpha_{AB} - \hat{L}_2 - \hat{L}_4 = 0 \\ \alpha_{BA} - \hat{L}_3 - \hat{L}_1 - \hat{L}_5 - \hat{L}_6 - \alpha_{CA} \pm 2 \times 180 = 0 \end{cases}$$

在图 5-5（d）中，$n=10$，$t=4$，$r=n-t=6$，则有：

$$\begin{cases} \hat{L}_1 + \hat{L}_2 + \hat{L}_3 - 180 = 0 \\ \dfrac{\sin \hat{L}_3}{S_{AB}} = \dfrac{\sin \hat{L}_2}{\hat{S}_1} \\ \dfrac{\sin \hat{L}_3}{S_{AB}} = \dfrac{\sin \hat{L}_1}{\hat{S}_2} \\ \alpha_{BA} - \hat{L}_2 + \hat{L}_4 + \hat{L}_5 + \hat{L}_6 - \alpha_{CD} \pm 3 \times 180 = 0 \\ X_B + \hat{S}_2 \cos(\alpha_{BA} - \hat{L}_2) + \hat{S}_3 \cos(\alpha_{BA} - \hat{L}_2 \pm 180 + \hat{L}_4) + \\ \hat{S}_4 \cos(\alpha_{BA} - \hat{L}_2 + \hat{L}_4 + \hat{L}_5 \pm 2 \times 180) - X_C = 0 \\ Y_B + \hat{S}_2 \sin(\alpha_{BA} - \hat{L}_2) + \hat{S}_3 \sin(\alpha_{BA} - \hat{L}_2 \pm 180 + \hat{L}_4) + \\ \hat{S}_4 \cos(\alpha_{BA} - \hat{L}_2 + \hat{L}_4 + \hat{L}_5 \pm 2 \times 180) - Y_C = 0 \end{cases}$$

在图 5-5（e）中，$n=23$，$t=12$，$r=n-t=11$，则有：

$$\begin{cases} \hat{L}_1 + \hat{L}_6 + \hat{L}_7 + \hat{L}_8 - 180 = 0 \\ \hat{L}_2 + \hat{L}_3 + \hat{L}_4 + \hat{L}_5 - 180 = 0 \\ \hat{L}_4 + \hat{L}_5 + \hat{L}_6 + \hat{L}_7 - 180 = 0 \\ \hat{L}_{11} + \hat{L}_{14} + \hat{L}_{17} + \hat{L}_{20} + \hat{L}_{23} - 360 = 0 \\ \hat{L}_9 + \hat{L}_{10} + \hat{L}_{11} - 180 = 0 \\ \hat{L}_{12} + \hat{L}_{13} + \hat{L}_{14} - 180 = 0 \\ \hat{L}_{15} + \hat{L}_{16} + \hat{L}_{17} - 180 = 0 \\ \hat{L}_{18} + \hat{L}_{19} + \hat{L}_{20} - 180 = 0 \\ \hat{L}_{21} + \hat{L}_{22} + \hat{L}_{23} - 180 = 0 \\ \dfrac{\sin \hat{L}_1 \sin \hat{L}_3 \sin \hat{L}_5 \sin \hat{L}_7}{\sin \hat{L}_2 \sin \hat{L}_4 \sin \hat{L}_6 \sin \hat{L}_8} = 1 \\ \dfrac{\sin \hat{L}_{10} \sin \hat{L}_{13} \sin \hat{L}_{16} \sin \hat{L}_{19} \sin \hat{L}_{22}}{\sin \hat{L}_9 \sin \hat{L}_{12} \sin \hat{L}_{15} \sin \hat{L}_{18} \sin \hat{L}_{21}} = 1 \end{cases}$$

（7）解：由條件平差得 $n = 15$，$t = 8$，$r = 7$，則平差條件方程為：

$$\begin{cases} \hat{L}_1 + \hat{L}_2 + \hat{L}_{11} - 180 = 0 \\ \hat{L}_3 + \hat{L}_4 + \hat{L}_{12} - 180 = 0 \\ \hat{L}_5 + \hat{L}_6 + \hat{L}_{13} - 180 = 0 \\ \hat{L}_7 + \hat{L}_8 + \hat{L}_{14} - 180 = 0 \\ \hat{L}_9 + \hat{L}_{10} + \hat{L}_{15} - 180 = 0 \\ \hat{L}_{11} + \hat{L}_{12} + \hat{L}_{13} + \hat{L}_{14} + \hat{L}_{15} - 360 = 0 \end{cases}$$

改正數方程為：

$$\begin{cases} v_1 + v_2 + v_{11} - 14 = 0 \\ v_4 + v_3 + v_{12} + 7 = 0 \\ v_5 + v_6 + v_{13} - 28 = 0 \\ v_7 + v_8 + v_{14} + 24 = 0 \\ v_9 + v_{10} + v_{15} - 7 = 0 \\ v_{11} + v_{12} + v_{13} + v_{14} + v_{15} - 13 = 0 \\ -0.425v_1 + 1.220v_2 - 0.408v_3 + 1.158v_4 - 0.916v_5 + 0.671v_6 - 0.602v_7 + \\ 0.427v_8 - 1.612v_9 + 0.448v_{10} + 52.811 = 0 \end{cases}$$

式中：前六式的閉合差單位為角秒（″）。由：

$$A = \begin{bmatrix} 1 & 1 & 0 & 0 & 0 & 0 & 0 & 0 & 0 & 0 & 1 & 0 & 0 & 0 & 0 \\ 0 & 0 & 1 & 1 & 0 & 0 & 0 & 0 & 0 & 0 & 0 & 1 & 0 & 0 & 0 \\ 0 & 0 & 0 & 0 & 1 & 1 & 0 & 0 & 0 & 0 & 0 & 0 & 1 & 0 & 0 \\ 0 & 0 & 0 & 0 & 0 & 0 & 1 & 1 & 0 & 0 & 0 & 0 & 0 & 1 & 0 \\ 0 & 0 & 0 & 0 & 0 & 0 & 0 & 0 & 1 & 1 & 0 & 0 & 0 & 0 & 1 \\ 0 & 0 & 0 & 0 & 0 & 0 & 0 & 0 & 0 & 0 & 1 & 1 & 1 & 1 & 1 \\ -0.425 & 1.220 & -0.408 & -1.158 & -0.916 & 0.671 & 0.602 & 0.472 & -0.612 & 0.448 & 0 & 0 & 0 & 0 & 0 \end{bmatrix}$$

可得法方程系数阵为：

$$N_{aa} = AQA^T = \begin{bmatrix} 3 & 0 & 0 & 0 & 0 & 1 & 0.795 \\ 0 & 3 & 0 & 0 & 0 & 1 & 0.75 \\ 0 & 0 & 3 & 0 & 0 & 1 & 0.245 \\ 0 & 0 & 0 & 3 & 0 & 1 & -0.13 \\ 0 & 0 & 0 & 0 & 3 & 1 & -1.164 \\ 1 & 1 & 1 & 1 & 1 & 5 & 0 \\ 0.795 & 0.750 & -0.245 & -0.130 & -1.164 & 0 & 7.848 \end{bmatrix}$$

又有：

$$N_{aa}^{-1} = \begin{bmatrix} 0.3768 & 0.0428 & 0.0302 & 0.0317 & 0.0186 & -0.1000 & -0.0380 \\ 0.0428 & 0.3756 & 0.0304 & 0.0318 & 0.0194 & -0.1000 & -0.0359 \\ 0.0302 & 0.0304 & 0.3676 & 0.0338 & 0.0379 & -0.1000 & 0.0117 \\ 0.0317 & 0.0318 & 0.0338 & 0.3669 & 0.0357 & -0.1000 & 0.0062 \\ 0.0186 & 0.0194 & 0.0379 & 0.0357 & 0.3882 & -0.1000 & 0.0556 \\ -0.1000 & -0.1000 & -0.1000 & -0.1000 & -0.1000 & 0.3000 & 0.0001 \\ -0.0380 & -0.0359 & 0.0117 & 0.0062 & 0.556 & 0.0001 & 0.1434 \end{bmatrix}$$

$$K = -N_{aa}^{-1}W = \begin{bmatrix} 5.8991 & -1.2092 & 8.0402 & -9.0134 & -1.1916 & 2.0950 & -7.2859 \end{bmatrix}^T$$

则：

$$V = QA^T K = \begin{bmatrix} 9.0 \\ -3.0 \\ 1.8 \\ -9.6 \\ 14.7 \\ 3.2 \\ -4.6 \\ -12.5 \\ 10.6 \\ -4.5 \\ 8.0 \\ 0.9 \\ 10.1 \\ -6.9 \\ 0.9 \end{bmatrix}^T (''), \quad \hat{L} = L = V = \begin{bmatrix} 66°59'31.0'' \\ 39°20'48.0'' \\ 67°49'43.8'' \\ 40°48'43.4'' \\ 47°31'19.7'' \\ 56°08'46.2'' \\ 58°57'16.4'' \\ 64°43'14.5'' \\ 31°48'58.6'' \\ 65°51'38.5'' \\ 73°39'41.0'' \\ 71°21'32.9'' \\ 76°19'54.1'' \\ 56°19'29.1'' \\ 82°19'22.9'' \end{bmatrix}$$

$$\hat{\sigma} = \sqrt{\frac{V^T P V}{r}} = \sqrt{\frac{936.1641}{7}} = 11.6''$$

（8）解：设 $\hat{X}_D$、$\hat{Y}_D$，根据近似坐标计算可得：

$$X_D^0 = 2326.259\text{m}, \quad Y_D^0 = 5330.183\text{m}$$

列出误差方程为：

$$\begin{cases} vL_1 = \dfrac{\Delta X_{AD}^0}{S_{AD}^0}\hat{X}_D + \dfrac{\Delta Y_{AD}^0}{S_{AD}^0}\hat{Y}_D - (L_1 - S_{AD}^0) \\[2mm] vL_1 = \dfrac{\Delta X_{BD}^0}{S_{BD}^0}\hat{X}_D + \dfrac{\Delta Y_{BD}^0}{S_{BD}^0}\hat{Y}_D - (L_2 - S_{BD}^0) \\[2mm] vL_1 = \dfrac{\Delta X_{CD}^0}{S_{CD}^0}\hat{X}_D + \dfrac{\Delta Y_{CD}^0}{S_{CD}^0}\hat{Y}_D - (L_3 - S_{CD}^0) \end{cases}$$

代入相关数据，得：

$$V = \begin{bmatrix} -0.9447 & 0.3279 \\ 0.7629 & 0.6765 \\ 0.3262 & -0.9453 \end{bmatrix}\begin{bmatrix} \hat{X}_D \\ \hat{Y}_D \end{bmatrix} - \begin{bmatrix} 0.0001 \\ 0.0004 \\ -0.2301 \end{bmatrix}$$

式中：闭合差的单位为米（m）。则有：

$$N_{bb} = B^T P B = \begin{bmatrix} 1.5808 & -0.1249 \\ -0.1249 & 1.4192 \end{bmatrix}$$

$$N_{bb}^{-1} = \begin{bmatrix} 0.6370 & 0.0561 \\ 0.0561 & 0.7096 \end{bmatrix}$$

$$W = B^T P l = \begin{bmatrix} 0.0754 \\ -0.2173 \end{bmatrix}$$

可得：

$$\hat{x} = N_{bb}^{-1} W = \begin{bmatrix} 0.0359 \\ -0.1449 \end{bmatrix}\text{m}$$

即 $\hat{X}_D = 2326.295\text{m}$，$\hat{Y}_D = 5330.033\text{m}$。

$$V = B\hat{x} - l = \begin{bmatrix} -0.0830 \\ -0.0700 \\ -0.7663 \end{bmatrix}\text{mm}$$

即 $\hat{S}_{AD} = 387.280\text{m}$，$\hat{S}_{BD} = 305.995\text{m}$，$\hat{S}_{CD} = 354.555\text{m}$。

（9）解：设参数 $(\hat{X}_2, \hat{Y}_2)$、$(\hat{X}_3, \hat{Y}_3)$、$(\hat{X}_4, \hat{Y}_4)$ 为 P_2、P_3、P_4 号点的平差坐标值，根据观测角度和观测边长，按照导线方式求得各点的近似坐标为：

$$\hat{X}_2 = 1903.181\text{m}, \quad \hat{Y}_2 = 5416.527\text{m}$$

$$\hat{X}_3 = 1922.966\text{m}, \quad \hat{Y}_3 = 5104.672\text{m}$$

$$\hat{X}_4 = 2054.227\text{m}, \quad \hat{Y}_4 = 4865.622\text{m}$$

由题意可知：

$$\sigma_\beta = \sigma_{\beta_2} = \sigma_{\beta_3} = \sigma_{\beta_4} = \sigma_{\beta_5} = 1''$$

$$\sigma_{S_1} = 0.2\sqrt{S_1} = 0.2\sqrt{505.195} = 4.5\text{mm}$$

$$\sigma_{S_2} = 0.2\sqrt{S_2} = 0.2\sqrt{312.482} = 3.5\text{mm}$$

$$\sigma_{S_3} = 0.2\sqrt{S_3} = 0.2\sqrt{272.717} = 3.3\text{mm}$$

$$\sigma_{S_4} = 0.2\sqrt{S_4} = 0.2\sqrt{300.595} = 3.5\text{mm}$$

取 $\sigma_0 = \sigma_\beta = 1''$，则：

$$P_\beta = P_{\beta_2} = P_{\beta_3} = P_{\beta_4} = P_{\beta_5} = 1''$$

$$P_{S_1} = \frac{\sigma_0^2}{\sigma_{S_1}^2} = \frac{1}{4.5^2} = 0.0494$$

$$P_{S_2} = \frac{\sigma_0^2}{\sigma_{S_2}^2} = \frac{1}{3.5^2} = 0.0816$$

$$P_{S_3} = \frac{\sigma_0^2}{\sigma_{S_3}^2} = \frac{1}{3.3^2} = 0.0918$$

$$P_{S_4} = \frac{\sigma_0^2}{\sigma_{S_4}^2} = \frac{1}{3.5^2} = 0.0816$$

可列方程为：

$$v_{\beta_1} = -\rho'' \frac{\Delta Y_{A2}^0}{(S_{A2}^0)^2} \hat{x}_2 + \rho'' \frac{\Delta X_{A2}^0}{(S_{A2}^0)^2} \hat{y}_2 - (\beta_1 - \beta_1^0)$$

$$= -187.66\hat{x}_2 - 174.390\hat{y}_2$$

$$v_{\beta_2} = \rho'' \left[\frac{\Delta Y_{23}^0}{(S_{23}^0)^2} - \rho'' \frac{\Delta Y_{2A}^0}{(S_{2A}^0)} \right] \hat{x}_2 - \rho'' \left[\frac{\Delta X_{23}^0}{(S_{23}^0)^2} - \frac{\Delta X_{2A}^0}{(S_{2A}^0)} \right] \hat{y}_2 -$$

$$\rho'' \frac{\Delta Y_{23}^0}{(S_{23}^0)^2} \hat{x}_3 + \rho'' \frac{\Delta X_{23}^0}{(S_{23}^0)^2} - (\beta_2 - \beta_2^0)$$

$$= -379.780\hat{x}_2 - 256.313\hat{y}_2 + 765.568\hat{x}_3 - 4.942\hat{y}_3$$

$$v_{\beta_3} = \rho'' \frac{\Delta Y_{32}^0}{(S_{32}^0)^2} \hat{x}_2 + \rho'' \frac{\Delta X_{32}^0}{(S_{32}^0)^2} \hat{y}_2 + \rho'' \left[\frac{\Delta Y_{34}^0}{(S_{34}^0)^2} - \frac{\Delta Y_{32}^0}{(S_{32}^0)^2} \right] \hat{x}_3 -$$

$$\rho'' \left[\frac{\Delta X_{34}^0}{(S_{34}^0)^2} - \frac{\Delta X_{32}^0}{(S_{32}^0)^2} \right] \hat{y}_3 - \rho'' \frac{\Delta Y_{34}^0}{(S_{34}^0)^2} \hat{x}_4 + \rho'' \frac{\Delta X_{34}^0}{(S_{34}^0)^2} \hat{y}_4 - (\beta_3 - \beta_3^0)$$

$$= 658.761\hat{x}_2 + 41.795\hat{y}_2 - 1.321.727\hat{x}_3 - 405.824\hat{y}_3 + 662.966\hat{x}_4 + 364.029\hat{y}_4$$

$$v_{\beta_4} = \rho'' \frac{\Delta Y_{43}^0}{(S_{43}^0)^2} \hat{x}_3 - \rho'' \frac{\Delta X_{43}^0}{(S_{43}^0)^2} + \rho'' \left[\frac{\Delta Y_{4B}^0}{(S_{4B}^0)^2} - \frac{\Delta Y_{43}^0}{(S_{43}^0)} \right] \hat{x}_4 -$$

$$\rho'' \left[\frac{\Delta X_{4B}^0}{(S_{4B}^0)^2} - \frac{\Delta X_{43}^0}{(S_{43}^0)^2} \right] \hat{y}_4 - (\beta_4 - \beta_4^0)$$

$$= 662.965\hat{x}_3 + 364.029\hat{y}_3 - 190.258\hat{x}_4 - 864.563\hat{y}_4 + 5.06$$

$$v_{\beta_5} = \rho'' \frac{\Delta Y_{54}^0}{(S_{54}^0)^2} \hat{x}_4 - \rho'' \frac{\Delta X_{54}^0}{(S_{54}^0)^2} \hat{y}_4 - (\beta_5 - \beta_5^0)$$

$$= -472.707\hat{x}_4 + 500.534\hat{y}_4 - 8.06$$

$$v_{S_1} = \frac{\Delta X_{A2}^0}{S_{A2}^0} \hat{x}_2 + \frac{\Delta Y_{A2}^0}{S_{54}^0} \hat{y}_2 - (S_1 - S_1^0)$$

$$= -0.730\hat{x}_3 + 0.683\hat{y}_2$$

$$v_{S_2} = -\frac{\Delta X_{23}^0}{S_{23}^0}\hat{x}_2 - \frac{\Delta X_{23}^0}{S_{23}^0}\hat{y}_2 + \frac{\Delta Y_{23}^0}{S_{23}^0}\hat{x}_3 + \frac{\Delta Y_{23}^0}{S_{23}^0}\hat{y}_3 - (S_2 - S_2^0)$$

$$= -0.063\hat{x}_2 + 0.998\hat{y}_2 + 0.063\hat{x}_3 - 0.998\hat{y}_3$$

$$v_{S_3} = -\frac{\Delta X_{34}^0}{S_{34}^0}\hat{x}_3 - \frac{\Delta Y_{34}^0}{S_{34}^0}\hat{y}_3 + \frac{\Delta X_{34}^0}{S_{34}^0}\hat{x}_4 + \frac{\Delta Y_{34}^0}{S_{34}^0}\hat{x}_4 + \frac{\Delta Y_{34}^0}{S_{34}^0}\hat{y}_4 - (S_3 - S_3^0)$$

$$= -0.481\hat{x}_3 + 0.877\hat{y}_3 + 0.481\hat{x}_4 - 0.877\hat{y}_4$$

$$v_{S_4} = \frac{\Delta X_{4B}^0}{S_{4B}^0}\hat{x}_4 - \frac{\Delta Y_{4B}^0}{S_{4B}^0}\hat{y}_4 - (S_4 - S_4^0)$$

$$= -0.727\hat{x}_4 - 0.687\hat{y}_4 - 0.9944$$

$$V = B\hat{x} - l = \begin{bmatrix} -187.660 & -174.390 & 0 & 0 & 0 & 0 \\ -379.780 & 256.313 & 765.568 & -4.942 & 0 & 0 \\ 658.761 & 41.795 & -13\,121.727 & -405.824 & 662.966 & 364.029 \\ 0 & 0 & 662.965 & 364.029 & -190.258 & -864.563 \\ 0 & 0 & 0 & 0 & -427.707 & 500.534 \\ -0.730 & 0.683 & 0 & 0 & 0 & 0 \\ -0.063 & 0.998 & 0.063 & -0.998 & 0 & 0 \\ 0 & 0 & -0.481 & 0.877 & 0.481 & -0.877 \\ 0 & 0 & 0 & 0 & -0.727 & -0.687 \end{bmatrix} \begin{bmatrix} \hat{x}_2 \\ \hat{y}_2 \\ \hat{x}_3 \\ \hat{y}_3 \\ \hat{x}_4 \\ \hat{y}_4 \end{bmatrix} - \begin{bmatrix} 0 \\ 0 \\ 0 \\ -5.606 \\ 8.06 \\ 0 \\ 0 \\ 0 \\ 0 \end{bmatrix}$$

式中：l 的前 5 项单位为秒（"），其后 4 项单位为（m）。由：

$$N_{bb}\hat{x} - B^T PL = 0$$

$$N_{bb} = \begin{bmatrix} 613\,416.81 & -37\,083.547 & -1161\,450.78 & -265\,464.65 & 436\,736.14 & 239\,808.29 \\ -37\,083.58 & 97\,857.45 & 140\,983.31 & -18\,229.11 & 27\,708.82 & 15\,214.69 \\ -1161\,450.78 & 140\,983.31 & 2772\,580.83 & 773\,943.99 & -1002\,394.42 & -1054\,321.96 \\ -265\,464.65 & -18\,229.11 & 773\,943.99 & 297\,236.63 & -338\,306.67 & -462\,458.57 \\ 436\,736.14 & 27\,708.82 & -1002\,394.42 & -338\,306.67 & 699\,174.19 & 169\,223.27 \\ 239\,808.29 & 15\,214.69 & -1054\,321.96 & -462\,458.57 & 169\,223.27 & 0.446\,62 \end{bmatrix}$$

$$B^T Pl = \begin{bmatrix} 0 \\ 0 \\ -3354.60 \\ -1841.60 \\ -2848.03 \\ 8408.31 \end{bmatrix}$$

可得：

$$\begin{bmatrix} \hat{x}_2 \\ \hat{y}_2 \\ \hat{x}_3 \\ \hat{y}_3 \\ \hat{x}_4 \\ \hat{y}_4 \end{bmatrix} = \begin{bmatrix} -0.1298 \\ 0.1396 \\ 0.1125 \\ -0.2051 \\ -0.1570 \\ -0.1322 \end{bmatrix} \text{m}, \quad \begin{bmatrix} \hat{x}_2 \\ \hat{y}_2 \\ \hat{x}_3 \\ \hat{y}_3 \\ \hat{x}_4 \\ \hat{y}_4 \end{bmatrix} = \begin{bmatrix} 1903.05 \\ 5416.67 \\ 1922.85 \\ 5104.47 \\ 2054.07 \\ 4865.49 \end{bmatrix}$$

改正数为：

$$v = \begin{bmatrix} v_{\beta_1} \\ v_{\beta_2} \\ v_{\beta_3} \\ v_{\beta_4} \\ v_{\beta_5} \\ v_{S_1} \\ v_{S_2} \\ v_{S_3} \\ v_{S_4} \end{bmatrix} = B\hat{x} - l = \begin{bmatrix} 3.0 \\ -4.5 \\ -0.8 \\ 3.1 \\ 1.6 \\ 0.1901 \\ 0.3452 \\ -0.0854 \\ -0.7895 \end{bmatrix}$$

式中：角度改正数的单位为角秒（″），边长改正数的单位为米（m）。

因此：

$\hat{\beta}_1 = 92°49'48''$，$\hat{\beta}_2 = 316°43'50.5''$，$\hat{\beta}_3 = 205°8'25.2''$，$\hat{\beta}_4 = 284°35'27.1''$，$\hat{\beta}_5 = 180°42'34.6''$，
$\hat{S}_1 = 505.385\mathrm{m}$，$\hat{S}_2 = 312.827\mathrm{m}$，$\hat{S}_3 = 272.632\mathrm{m}$，$\hat{S}_4 = 299.806\mathrm{m}$。

（10）解：由题意得，$n = 9$，$t = 2$。设 P 点的坐标为 (X, Y)，取 $(10\,000.114, 9999.677)$ 为 P 点的近似坐标，单位为米（m），则误差方程为：

$$v_1 = \rho'' \left[\frac{\Delta Y_{PB}^0}{(S_{PB}^0)} - \frac{\Delta Y_{PA}^0}{(S_{PA}^0)} \right] \hat{x} - \rho'' \left[\frac{\Delta X_{PB}^0}{(S_{PB}^0)^2} - \frac{\Delta X_{PA}^0}{(S_{PA}^0)^2} \right] \hat{y} - (L_1 - L_1^0)$$

$$v_2 = -\rho'' \frac{\Delta Y_{AP}^0}{(S_{AP}^0)^2} \hat{x} + \rho'' \frac{\Delta X_{AP}^0}{(S_{AP}^0)^2} \hat{y} - (L_2 - L_2^0)$$

$$v_3 = -\rho'' \frac{\Delta x_{BP}^0}{(S_{BP}^0)^2} \hat{x} - \rho'' \frac{\Delta X_{BP}^0}{(S_{BP}^0)^2} \hat{y} - (L_3 - L_3^0)$$

$$v_4 = \rho'' \frac{\Delta Y_{AP}^0}{(S_{AP}^0)^2} \hat{x} - \rho'' \frac{\Delta X_{AP}^0}{(S_{AP}^0)^2} \hat{y} - (L_4 - L_4^0)$$

$$v_5 = \rho'' \left[\frac{\Delta Y_{PA}^0}{(S_{PA}^0)^2} - \frac{\Delta Y_{PC}^0}{(S_{PC}^0)^2} \right] \hat{x} - \rho'' \left[\frac{\Delta X_{PA}^0}{(S_{PA}^0)^2} - \frac{\Delta X_{PC}^0}{(S_{PC}^0)^2} \right] \hat{y} - (L_5 - L_5^0)$$

$$v_6 = -\rho'' \frac{\Delta Y_{CP}^0}{(S_{CP}^0)^2} \hat{x} + \rho'' \frac{\Delta X_{CP}^0}{(S_{CP}^0)^2} \hat{y} - (L_6 - L_6^0)$$

$$v_7 = -\rho'' \frac{\Delta Y_{BP}^0}{(S_{BP}^0)^2} \hat{x} + \rho'' \frac{\Delta X_{BP}^0}{(S_{BP}^0)^2} \hat{y} - (L_7 - L_7^0)$$

$$v_8 = \rho'' \left[\frac{\Delta Y_{PC}^0}{(S_{PC}^0)^2} - \frac{\Delta Y_{PB}^0}{(S_{PB}^0)^2} \right] \hat{x} - \rho'' \left[\frac{\Delta X_{PC}^0}{(S_{PC}^0)^2} - \frac{\Delta Y_{PB}^0}{(S_{PB}^0)^2} \right] \hat{y} - (L_8 - L_8^0)$$

$$v_9 = \frac{\rho'' \Delta Y_{CP}^0}{(S_{CP}^0)^2} \hat{x} - \frac{\rho'' \Delta Y_{CP}^0}{(S_{CP}^0)^2} \hat{y} - (L_9 - L_9^0)$$

根据题意，计算误差方程中各量如表 5-5 和表 5-6 所示。

表 5-5 误差方程中的计算

点名		X（m）	Y（m）	ΔX^0（m）	ΔY^0（m）	S^0（m）
	A	8864.53	5392.58	−1135.584	−4607.097	47 744.986
P	B	13 615.22	10 189.47	3615.106	189.793	3620.085
	C	6520.12	14 399.3	−3479.994	4399.623	5609.549

表 5-6 误差方程中闭合差的计算

观测角	观测值 L（°）	近似值 L^0（°）	$L - L^0$（″）
1	106.845 4000	106.851 851	−24.66
2	30.879 722	30.876 195	12.70
3	42.277 778	42.271 954	20.96
4	28.436 667	28.436 583	0.30
5	127.810 833	127.810 284	1.98
6	23.753 056	23.753 133	−0.28
7	33.680 556	33.687 768	−25.96
8	125.343 889	125.337 865	21.68
9	20.973 611	20.974 367	−2.72

将各个量代入，得误差方程为：

$$V = \begin{bmatrix} 45.1941 & -67.3030 \\ -42.2069 & 10.4034 \\ -2.9872 & 56.8996 \\ 42.2069 & -10.4034 \\ -71.0462 & -12.4078 \\ 28.8393 & 22.8112 \\ 2.9872 & -56.8996 \\ 25.8521 & 79.7108 \\ -28.8693 & -22.8112 \end{bmatrix} \begin{bmatrix} \hat{x} \\ \hat{y} \end{bmatrix} - \begin{bmatrix} -24.66 \\ 12.70 \\ 20.96 \\ 0.30 \\ 1.98 \\ -0.28 \\ -25.96 \\ 21.68 \\ -2.72 \end{bmatrix}$$

则有：

$$N_{bb} = B^T P B = \begin{bmatrix} 13\ 002.4936 & -1.8913 \\ -1.8913 & 18769.7438 \end{bmatrix}$$

$$N_{BB}^{-1} = \begin{bmatrix} 0.000\ 076\ 908 & 0 \\ 0 & 0.000\ 053\ 277 \end{bmatrix}$$

$$W = B^T P l = \begin{bmatrix} -1287.5461 \\ 6219.0053 \end{bmatrix}$$

可得：

$$\hat{x} = B_{bb}^{-1}W = \begin{bmatrix} -0.099 \\ 0.331 \end{bmatrix} \text{m}$$

$$\hat{X} = \begin{bmatrix} \hat{X}_P \\ \hat{Y}_P \end{bmatrix} = \begin{bmatrix} X_0 \\ Y_0 \end{bmatrix} + \begin{bmatrix} \hat{x} \\ \hat{y} \end{bmatrix} = \begin{bmatrix} 10\ 000.015 \\ 10\ 000.008 \end{bmatrix} \text{m}$$

$$V = B\hat{x} - l = \begin{bmatrix} -2.11 & -0.57 & -1.82 & -7.93 & 0.94 & 4.98 & 6.82 & 2.16 & -1.98 \end{bmatrix}^T (")$$

则：

$$\sigma_0 = \sqrt{\frac{V^TPV}{n-t}} = \sqrt{\frac{177.1606}{7}} = 5.03(")$$

$$\sigma_p = \sqrt{\sigma_x^2 + \sigma_y^2}$$

$$= \sigma_0 \sqrt{Q_{XX} + Q_{YY}}$$

$$= 0.057\text{m}$$

（11）解：由题意得，$n=5$，$t=4$，令 $\hat{X}_C = X_C^0 + \hat{x}_C$，$\hat{Y}_C = Y_C^0 + \hat{y}_C$，$\hat{X}_D = X_D^0 + \hat{x}_D$，$\hat{Y}_D = Y_D^0 + \hat{y}_D$，取：

$$X_C^0 = 19\ 187.335\text{m}，\quad Y_C^0 = 20\ 265.887\text{m}$$

$$X_D^0 = -10\ 068.386\text{m}，\quad Y_D^0 = 17\ 332.434\text{m}$$

右侧边误差方程公式为：

$$\begin{cases} v_1 = \dfrac{\Delta X_{AC}^0}{S_{AC}^0}\hat{x}_C + \dfrac{\Delta Y_{AC}^0}{S_{AC}^0}\hat{y}_C - 1000(S_1 - S_{AC}^0) \\[3mm] v_2 = \dfrac{\Delta X_{AD}^0}{S_{AD}^0}\hat{x}_D + \dfrac{\Delta Y_{AD}^0}{S_{AD}^0}\hat{y}_D - 1000(S_2 - S_{AD}^0) \\[3mm] v_3 = \dfrac{\Delta X_{BD}^0}{S_{BD}^0}\hat{x}_D + \dfrac{\Delta Y_{BD}^0}{S_{BD}^0}\hat{y}_D - 1000(S_3 - S_{BD}^0) \\[3mm] v_4 = \dfrac{\Delta X_{BC}^0}{S_{BC}^0}\hat{x}_C + \dfrac{\Delta Y_{BC}^0}{S_{BC}^0}\hat{y}_C - 1000(S_4 - S_{BC}^0) \\[3mm] v_5 = \dfrac{\Delta X_{CD}^0}{S_{CD}^0}\hat{x}_C - \dfrac{\Delta Y_{CD}^0}{S_{CD}^0}\hat{y}_C + \dfrac{\Delta X_{CD}^0}{S_{CD}^0}\hat{x}_D + \dfrac{\Delta Y_{CD}^0}{S_{CD}^0}\hat{y}_D - 1000(S_5 - S_{CD}^0) \end{cases}$$

将相关数据代入，得误差方程为：

$$V = B\hat{x} - l = \begin{bmatrix} 0.6875 & 0.7262 & 0 & 0 \\ 0 & 0 & -0.5023 & 0.8647 \\ -0.1442 & 0.9895 & 0 & 0 \\ 0.9950 & 0.0999 & -0.9950 & -0.0998 \end{bmatrix} \begin{bmatrix} \hat{x}_D \\ \hat{y}_C \\ \hat{x}_D \\ \hat{y}_D \end{bmatrix} - \begin{bmatrix} -1.36 \\ 0.08 \\ 0.29 \\ -0.19 \\ 17.05 \end{bmatrix}$$

式中：l 的单位为毫米（mm）。

又有：

$$N_{bb} = B^T P B = \begin{bmatrix} 1.4835 & 0.4558 & -0.9900 & -0.0993 \\ 0.4558 & 1.5165 & -0.099 & -0.100 \\ -0.9900 & -0.0993 & 2.0178 & -0.7523 \\ -0.0993 & -0.0100 & -0.7523 & 0.9822 \end{bmatrix}$$

$$W = B^T P l = \begin{bmatrix} 16.0595 \\ 0.5293 \\ -17.2603 \\ -1.4910 \end{bmatrix}$$

$$N_{bb}^{-1} = \begin{bmatrix} 1.6907 & -0.4211 & 1.2191 & 1.1004 \\ -0.4211 & 0.7678 & -0.2545 & -0.2297 \\ 1.2191 & -0.2545 & 1.5764 & 1.3282 \\ 1.1004 & -0.2297 & 1.3282 & 2.1444 \end{bmatrix}$$

可得：

$$\hat{x} = N_{bb} W = \begin{bmatrix} 4.2 \\ -1.6 \\ -9.7 \\ -8.6 \end{bmatrix}$$

$$\hat{X} = \begin{bmatrix} \hat{X}_C \\ \hat{Y}_C \\ \hat{X}_D \\ \hat{Y}_D \end{bmatrix} = \begin{bmatrix} \hat{X}_C^0 \\ \hat{Y}_C^0 \\ \hat{X}_D^0 \\ \hat{Y}_D^0 \end{bmatrix} + \begin{bmatrix} \hat{x}_C \\ \hat{y}_C \\ \hat{x}_D \\ \hat{y}_D \end{bmatrix} = \begin{bmatrix} 19\ 187.339 \\ 20\ 265.885 \\ -10\ 068.396 \\ 17\ 332.425 \end{bmatrix} \text{m}$$

C、D 点坐标协因数阵为：

$$N_{bb}^{-1} = \begin{bmatrix} Q_{x_C x_C} & Q_{x_C y_C} & Q_{x_C x_D} & Q_{x_C y_D} \\ Q_{y_C x_C} & Q_{y_C y_C} & Q_{y_C x_D} & Q_{y_C y_D} \\ Q_{x_D x_C} & Q_{x_D y_C} & Q_{x_D x_D} & Q_{x_D y_D} \\ Q_{y_D x_C} & Q_{y_D y_C} & Q_{y_D x_D} & Q_{y_D y_D} \end{bmatrix}$$

项目六　三维控制网平差实例

6.1　知识点汇编

6.1.1　三维控制网平差

（1）参数选择与近似值计算

1）垂差分量 δ_x、δ_y 的近似值计算

地球弯曲的垂差近似值计算式为：

$$\begin{cases} \delta_x'' = \dfrac{\rho''}{R_0} S_{0i} \cos T_{0i} \\[3mm] \delta_y'' = \dfrac{\rho''}{R_0} S_{0i} \sin T_{0i} \end{cases}$$

式中：R_0 是地球平均曲率半径，S_{0i} 和 T_{0i} 是局部坐标系原点 P_0 至测站点 P_1 间的边长和方位角。

2）近似值坐标计算

根据观测测量的不同，近似坐标计算公式有下列 3 种。

①观测斜距、天顶距和水平角的计算公式。此时方位角推算公式为：

$$\begin{cases} T_{AB} = \arctan \dfrac{y_B - y_A}{x_B - x_A} \\[3mm] T_{AC} = T_{AB} - \beta_A \\[2mm] T_{BC} = T_{AB} \pm 180° + \beta_B \end{cases}$$

②观测天顶距、斜距和水平角表示的计算公式。设 AB、AC 的水平距离为 d_{AB}、d_{AC}，则：

$$\begin{cases} d_{AB} = \sqrt{(x_B - x_A)^2 + (y_B - y_A)^2} \\[3mm] d_{AC} = d_{AB} \dfrac{\sin\beta_B}{\sin(\beta_A + \beta_B)} \end{cases}$$

于是有：

$$\begin{cases} x_C = x_A + d_{AC} \cos T_{AC} \\[2mm] y_C = y_A + d_{AC} \sin T_{AC} \\[2mm] z_C = z_A \pm \sqrt{S_1^2 + S_{AC}^2} \end{cases}$$

③侧边网的计算公式。各边与其两端点坐标的关系式为：

$$\begin{cases} x^2 + y^2 + z^2 = S_1^2 \\[2mm] (x - x_B)^2 + (y - y_B)^2 + (z - z_B)^2 = S_2^2 \\[2mm] (x - x_C)^2 + (y - y_B)^2 + (z - z_B)^2 = S_3^2 \end{cases}$$

3）折光系数 K 和尺度因子 m 的近似值选取

在正常气象情况下，$K \approx 0.14$；但在不同地区，不同季节与时间，甚至不同条件的边上，K 值往往发生变化。K 的近似值通常可取 0.14，在某些情况下也可取 0。

边长平差值 $\hat{S} = S + V_S + m_S$，m 即为尺度因子。m 是一个很微小的值，平差时其近似值看作 0。

（2）误差方程

三维控制网误差方程通常有斜距误差方程、水平方向误差方程、天顶距误差方程和水准测量高差误差方程。

1）斜距误差方程式

$$V_{S_{ij}} = \frac{x_j^0 - x_i^0}{S_{ij}^0}(\hat{x}_j - \hat{x}_i) + \frac{y_j^0 - y_i^0}{S_{ij}^0}(\hat{y}_j - \hat{y}_i) + \frac{z_j^0 - z_i^0}{S_{ij}^0}(\hat{z}_j - \hat{z}_i) - S_{ij}^0 m - (S_{ij} - S_{ij}^0)$$

2）水平方向误差方程式

方位角平差值 $T_{ij} + v_{T_{ij}}$ 与其两端点坐标未知数的关系为：

$$\tan(T_{ij} + v_{T_{ij}}) = \frac{(y_j - y_i) - S_{ij}\cos\zeta_{ij}\delta y_i}{(x_j - x_i) - S_{ij}\cos\zeta_{ij}\delta x_i}$$

则方向观测值误差为：

$$V_{r_{ij}} = -\frac{\Delta y_{ij}^0}{(S_{ij}^0)^2}(\hat{x}_j - \hat{x}_i) + \frac{\Delta x_{ij}^0}{(S_{ij}^0)^2}(\hat{y}_j - \hat{y}_i) + \frac{\Delta y_{ij}^0 z_{ij}^0}{(S_{ij}^0)^2}\delta_{x_i}' - \frac{\Delta x_{ij}^0 z_{ij}^0}{(S_{ij}^0)^2}\delta_{y_i}' - \hat{\tilde{w}}_i - (r_{ij} + \tilde{w}_i^0 - T_{ij}^0)$$

3）天顶距误差方程式

$$v_{\zeta_{ij}} = \frac{\Delta x_{ij}^0 \Delta z_{ij}^0}{(S_{ij}^0)^2 d_{ij}^0}(\hat{x}_j - \hat{x}_i) + \frac{\Delta y_{ij}^0 \Delta z_{ij}^0}{(S_{ij}^0)^2 d_{ij}^0}(\hat{y}_j - \hat{y}_i) - \frac{d_{ij}^0}{(S_{ij}^0)^2}(\hat{z}_j - \hat{z}_i) - \frac{\Delta x_{ij}^0}{d_{ij}^0}\delta_{x_i}' - \frac{\Delta y_{ij}^0}{d_{ij}^0}\delta_{y_i}' - (\zeta_{ij} - \zeta_{ij}^0)$$

4）水准测量高差误差方程式

高差的误差方程式为：

$$V_{h_{ij}} = \hat{z}_j - \hat{z}_i + \Delta x_{ij}^0 \zeta_{x_i}^0 + \Delta y_{ij}^0 \zeta_{yi}^0 - (h_{ij} - h_{ij}^0)$$

式中：

$$h_{ij}^0 = z_i^0 - z_j^0 + \Delta x_{ij}^0 \delta_{x_i}^0 + \Delta y_{ij}^0 \delta_{y_i}^0 + \frac{1}{2R_0}(S_{ij}^0)^2$$

6.1.2　GPS 基线向量网平差

（1）函数模型

基线向量误差方程式为：

$$\underset{3 \times 1}{V_{ij}} = \underset{3 \times 1}{\hat{x}_j} - \underset{3 \times 1}{\hat{x}_i} - \underset{3 \times 1}{l_{ij}}$$

式中：

$$\underset{3 \times 1}{l_{ij}} = \underset{3 \times 1}{\Delta X_{ij}} - \underset{3 \times 1}{\Delta X_{ij}^0} = \underset{3 \times 1}{\Delta X_{ij}} - (\underset{3 \times 1}{X_j^0} - \underset{3 \times 1}{X_i^0})$$

当网中有 m 个待定点，n 条基线向量时，GPS 网的误差方程式为：

$$\underset{3n \times 1}{V} = \underset{3n \times 3m}{B} \quad \underset{3m \times 1}{\hat{x}} - \underset{3n \times 1}{l}$$

（2）随机模型

随机模型一般形式为：

$$D = \sigma_0^2 Q = \sigma_0^2 P^{-1}$$

3 个观测坐标分量是相关的，已知：

$$D_{ij} = \begin{bmatrix} \sigma_{\Delta X_{ij}}^2 & \sigma_{\Delta X_{ij}\Delta Y_{ij}} & \sigma_{\Delta X_{ij}\Delta Z_{ij}} \\ \sigma_{\Delta X_{ij}\Delta Y_{ij}} & \sigma_{\Delta Y_{ij}}^2 & \sigma_{\Delta Y_{ij}\Delta Z_{ij}} \\ \sigma_{\Delta X_{ij}\Delta Z_{ij}} & \sigma_{\Delta Y_{ij}\Delta Z_{ij}} & \sigma_{\Delta Z_{ij}}^2 \end{bmatrix}$$

权阵为：

$$P^{-1} = \frac{D}{\sigma_0^2}$$

$$P = \left(\frac{D}{\sigma_0^2} \right)^{-1}$$

（3）三维无约束平差

GPS 基线向量本身提供了尺度基准信息和定向基准信息（由向量坐标可以算出基线端点间的长度和方位），它们都属于 WGS – 84 坐标系，因而，三维无约束平差时只需引入位置基准信息，并且所引入的位置基准信息不会引起观测值的变形和改正。引入位置基准信息的方法有两种：一种是取网中任一点的伪距定位坐标，作为固定网点坐标的起算数据；另一种是引入合适的近似坐标系下的秩亏自由网基准。

（4）三维约束平差

其约束条件是属于国家大地坐标系的地面网点固定坐标、固定大地方位角和固定空间弦长。

1）空间弦长观测值的误差方程式

$$V_{s_{ij}} = -C_{ij}A_i dB_i + C_{ij}A_j dB_j - l_{s_{ij}}$$

式中：

$$l_{s_{ij}} = S_{ij} - (\Delta X_{ij}^{0^2} + \Delta Y_{ij}^{0^2} + \Delta Z_{ij}^{0^2})^{\frac{1}{2}}$$

2）方向观测值得误差方程式

$$V_{\beta_{ij}} = -dZ_i - F_{ij}A_i dB_i + F_{ij}A_j dB_j - l_{\beta_{ij}}$$

式中：

$$l_{\beta_{ij}} = \beta_{ij} + Z_i^0 - \alpha_{ij}^0$$

6.2 技能测试

6.2.1 技能测试题

（1）三维控制网与传统的水平控制网和高差控制网相比较有什么特点？

（2）简述 GPS 数据处理流程？

（3）什么叫 GPS 基线网？如何进行 GPS 基线网平差？

6.2.2 技能测试题答案

（1）传统的控制网分为高程控制网和平面控制网，除了部分的平高点外，高程控制点和平面控制点基本各自独自建立，观测值是高差、距离和角度。随着测绘科学技术的发展，特别是 GPS 全球定位系统的日渐成熟，观测量可以是基线，将一维高程系统和二维平面坐标系统统一在三维空间坐系中，从而实现联合平差。

（2）GPS 数据处理流程：数据传送—手簿输入—数据加工—数据预处理—基线解算—重复基线检核—同步环检核—异步环检核（以上为当天应完成的任务）—重测与补测—WGS-84 中无约束平差—网精度分析—1954 北京坐系、1980 西安坐系、2000 国家大地坐系、地方独立坐系中三维无约束平差—三维约束平差—二维平差—成果报告—技术总结。

（3）在 GPS 定位中，在任意两个观测站上用 GPS 接收机对卫星进行同步观测，可得到两点之间的基线向量观测值，它是在 WGS-84 空间坐标系下的三维坐标差。为了提高定位结果的精度和可靠性，通常需将不同时段观测的基线向量连接成网，这样组成的网称为 GPS 基线向量网。

一般 GPS 基线向量网的平差可以分为以下三种类型：一是无约束平差，即只固定网中某一点的坐标，其主要目的是考察 GPS 网本身的内部附和精度及基线向量之间有无明显的系统误差和粗差，同时为 GPS 大地高与公共点正高联合确定 GPS 网点的正高，提供平差处理后的大地高程数据；二是所谓的约束平差，即以国家大地坐标系或地方坐标系的某些点的坐标、边长和方位角为约束条件，考虑 GPS 网与地面网之间的转换参数进行平差计算；三是联合平差，即除了 GPS 基线向量观测值和约束数据以外，还有地面常规测量值如边长、方向、高差等，将这些数据一并进行平差。后两类平差完成后，网点坐标已属于国家大地坐标系或地方坐标系，因而是解决 GPS 网成果转换的有效手段，是目前唯一行之有效的方法。

项目七　误差椭圆平差实例

7.1　知识点汇编

7.1.1　基本概念

（1）点位真误差

观测值通过评差所求得的最或然点位 P' 点，相对待定点的真位置 P 点的偏移量 ΔP 称为 P 点的点位真误差，简称真位差。

（2）点位方差

P 点真位差平方的理论平均值通常定义为 P 点的点位方差，并记为 σ_P^2，它总是等于两个相互垂直方向上坐标方差的平方和。

（3）纵、横向误差

如果再将 P 点的真位差 ΔP 投影于 AP 方向和垂直 AP 方向上，则得 ΔS 和 ΔU，此时有：

$$\sigma_P^2 = \sigma_S^2 + \sigma_U^2$$

式中：σ_S 称为纵向误差，σ_U 称为横向误差。

（4）任意方向 φ 的误差

即 P 点的点位真误差在 φ 方向上的投影值。

（5）位差的极大值 E、极小值 F 和极值方向

用任意方向上的位差公式，只要给出一个 φ 值，就可以算出对应的误差。因为 φ 在 $0° \sim 360°$ 可以取无穷多个值，所以位差 σ_P^2 也有无穷多个值，那么其中就应存在一个极大值 E 和一个极小值 F，这两个方向分别称为位差的极大值方向 φ_E 和极小值方向 φ_F。

（6）误差曲线或精度曲线

以不同的 φ（$0° \leqslant \varphi \leqslant 360°$）值代入 $\sigma_\varphi^2 = E^2\cos^2\varphi + F^2\sin^2\varphi$，算出各个方向的 σ_φ 值，以 φ 和 σ_φ 为极坐标的点的轨迹必为一闭合曲线。该曲线称为误差曲线或精度曲线。

（7）误差椭圆

误差曲线不是一种典型曲线，作图也不方便，因此降低了其实用价值。但其形状与以 E、F 为长、短半轴的椭圆很相似，用来计算待定点在个方向上的位差，故称该椭圆为误差椭圆。将确定误差椭圆的 3 个参数 φ_E、E、F 称为误差椭圆元素。

（8）相对误差椭圆

为了确定任意两个待定点之间的相对位置的某些精度，就需要进一步做出两待定点之间的相对误差椭圆。

7.1.2　公式汇编

（1）点位中误差

$$\sigma_P^2 = \sigma_x^2 + \sigma_y^2$$

（2）点位纵横坐标中误差

$$\sigma_P^2 = \sigma_S^2 + \sigma_U^2$$

（3）待定点（P）至已知点（A）的边长中误差

$$\sigma_{S_{PA}}^2 = \sigma_{\alpha_{PA}}^2 = \sigma_0^2(Q_{xx}\cos^2\alpha_{PA} + Q_{yy}\sin^2\alpha_{PA} + Q_{xy}\sin2\alpha_{PA})$$

（4）待定点至已知点方位角中误差

要计算 PA 边的方位角误差，首先要计算 PA 边的横向误差，即垂直于 PA 边方向上的 P 点位差，垂直方向的方位角为 φ，则：

$$\sigma_U^2 = \sigma_\varphi^2 = \sigma_0^2(Q_{xx}\cos^2\varphi + Q_{yy}\sin^2\varphi + Q_{xy}\sin2\varphi)$$

（5）计算中常用的其他中误差

包括待定点至待定点的边长中误差和方位角中误差、相邻点的点位纵横坐标中误差和相对点位中误差、贯通重要方向上的位差、待定点纵横坐标的方差、任意方向上的中误差和点位误差。

（6）协因数 Q_{xx}、Q_{xy} 的计算

$$Q_{\hat{x}\hat{x}} = (B^T P B)^{-1} = \begin{bmatrix} Q_{xx} & Q_{xy} \\ Q_{yx} & Q_{yy} \end{bmatrix}$$

（7）待定点纵横坐标方差的计算

$$\sigma_x^2 = \sigma_0^2 \frac{1}{p_x} = \sigma_0^2 Q_{xx}$$

$$\sigma_y^2 = \sigma_0^2 \frac{1}{p_y} = \sigma_0^2 Q_{yy}$$

（8）任一方位 φ 方向上的点位方差的计算

$$\sigma_\varphi^2 = \sigma_x^2\cos^2\varphi + \sigma_y^2\sin^2\varphi + \sigma_{xy}\sin2\varphi$$

或：

$$\sigma_\varphi^2 = \sigma_0^2 Q_{\varphi\varphi} = \sigma_0^2(Q_{xx}\cos^2\varphi + Q_{yy}\sin^2\varphi + Q_{xy}\sin2\varphi)$$

（9）位差的极大值 E、极小值 F 和极值方向

①当 $Q_{xy} > 0$ 时，极大值在第Ⅰ、Ⅲ象限（$\tan > 0$），极小值在第Ⅱ、Ⅳ象限（$\tan < 0$）。

②当 $Q_{xy} < 0$ 时，极大值在第Ⅱ、Ⅳ象限（$\tan < 0$），极小值在第Ⅰ、Ⅲ象限（$\tan > 0$）。

③当 $Q_{xy} = 0$ 时，且 $Q_{xy} \ne Q_{yy}$ 时，若 $Q_{xx} > Q_{yy}$，则极大值方向为 0°（x 轴）；若 $Q_{xx} < Q_{yy}$，则极大值方向为 90°。

（10）位差极值的计算

$$\begin{cases} F^2 = \sigma_0^2(Q_{xx}\cos\sigma_E + Q_{yy}\sin\sigma_E + Q_{xy}\sin2\sigma_E) \\ F^2 = \sigma_0^2(Q_{xx}\cos\sigma_F + Q_{yy}\sin\sigma_F + Q_{xy}\sin2\sigma_F) \end{cases}$$

（11）计算位差极值的常用公式

$$K = \sqrt{(Q_{xx} - Q_{yy})^2 + 4Q_{xy}^2}$$

$$E^2 = \frac{1}{2}\sigma_0^2 \{ (Q_{xx} + Q_{yy}) + K \}$$

$$F^2 = \frac{1}{2}\sigma_0^2 \{ (Q_{xx} + Q_{yy}) - K \}$$

$$\sigma_P^2 = E^2 + F^2$$

（12）用极值 E、F 表示任意方向 ψ 上的位差

$$\sigma_\psi^2 = E^2\cos^2\psi + F^2\sin^2\psi$$

误差椭圆元素 ψ、E、F 按上述方法计算。

（13）相对误差椭圆元素的公式

两待定点 P_i、P_k 坐标平差值的协因数，与两点平差后的相对位置 Δx、Δy 的协因数之间有：

$$Q_{\Delta x\Delta x} = Q_{x_i x_i} + Q_{x_k x_k} - 2Q_{x_i x_k}$$

$$Q_{\Delta y\Delta y} = Q_{y_i y_i} + Q_{y_k y_k} - 2Q_{y_i y_k}$$

$$Q_{\Delta x\Delta y} = Q_{x_i y_i} + Q_{x_k y_k} - Q_{x_i y_k} - Q_{x_k y_i}$$

则相对误差椭圆因素为：

$$\tan 2\varphi_0 = \frac{2Q_{\Delta x\Delta y}}{Q_{\Delta x\Delta x} - Q_{\Delta y\Delta y}}$$

$$E^2 = \frac{1}{2}\sigma_0^2 \left[Q_{\Delta x\Delta x} + Q_{\Delta y\Delta y} + \sqrt{(Q_{\Delta x\Delta x} - Q_{\Delta y\Delta y})^2 + 4Q_{\Delta x\Delta y}} \right]$$

$$F^2 = \frac{1}{2}\sigma_0^2 \left[Q_{\Delta x\Delta x} + Q_{\Delta y\Delta y} - \sqrt{(Q_{\Delta x\Delta x} - Q_{\Delta y\Delta y})^2 + 4Q_{\Delta x\Delta y}} \right]$$

7.2　技能测试

7.2.1　技能测试题

（1）何谓点位真误差、点位误差？

（2）何谓纵向误差、横向误差？

（3）简述绝对误差椭圆与相对误差椭圆的区别与联系。

（4）某一控制网只有一个待定点，设待定点的坐标为未知数，进行间接平差，其法方程为 $\begin{bmatrix} 1.287 & 0.411 \\ 0.411 & 1.762 \end{bmatrix}\begin{bmatrix} x \\ y \end{bmatrix} + \begin{bmatrix} 0.534 \\ 0.394 \end{bmatrix} = 0$（系数阵的单位是 $\dfrac{(")^2}{dm^2}$），且已知 $l^T Pl = 4(")^2$，多余观测为 2。试求出待定点误差椭圆的 3 个参数，并绘制出误差椭圆，用图解法和计算法求出待定点的点位中误差。

（5）设某三角网中有一个待定点 P 点，并设其坐标为未知参数，经平差后求得单位权中误差 $\hat{\sigma}_0^2 = 1(")^2$，$Q_{\hat{x}\hat{x}} = \begin{bmatrix} 1.5 & 0.2 \\ 0.2 & 1.5 \end{bmatrix}$，试求：

①P 点位差的极值方向 φ_E 和 φ_F。

②位差的极大值 E 与极小值 F，以及 P 点的点位方差。

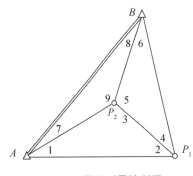

图 7-1　贯通测量控制网

③若算出过 P 点的 PM 方向的方位角 $\hat{\sigma}_{PM} = 30°$，且已知 $S = 3.150$km，PM 方向上的点位误差为多少？PM 边的边长相对中误差 $\dfrac{\sigma_{PM}}{S_{PM}}$ 及方位角中误差 $\sigma_{\alpha_{PM}}$ 为多少？

（6）如图 7-1 所示，P_1、P_2 两点间为一山头，某条铁路专用线在此经过，要在 P_1、P_2 两点间开挖隧道，要求在贯通方向和重要方向上的误差不超过 ± 0.5m 和 ± 0.25m。根据实地勘察，在地形图上设计的专用贯通测量控制网，A、B 为已知点，P_1、P_2 为待定点；根据原有测量资料已知 A、B 两点的坐标，以及在地形图上根据原有测量资料坐标格网量得 P_1、P_2 两点的近似坐标如表 7-1 所示，设计按三等控制网要求进行，并观测所有的 9 个角度。设平差后求得单位权中误差 $\hat{\sigma}_0^2 = 1(")^2$，试估算设计的此控制网能否达到要求，并绘制出 P_1、P_2 的点位误差椭圆和相对误差椭圆。

表 7-1　控制网各点（近似）坐标

点名	A	B	P_1	P_2
X（m）	8986.687	13 737.375	6642.27	10 122.12
Y（m）	5705.036	10 507.928	14 711.75	10 312.47

7.2.2　技能测试题答案

（1）点位真误差：观测值通过平差所求得的最或然点位 P' 点相对待定点的真位置 P 点的偏移量 ΔP，称为 P 点的点位真误差。

点位方差：P 点真位差平方的理论平均值通常定义为 P 点的点位方差，并记为 σ_P^2，它总是等于两个相互垂直方向上坐标方差的平方和。

（2）将 P 点的真位差 ΔP 投影于 AP 方向和垂直 AP 的方向上，得 Δs 和 Δu，并有 $\Delta P^2 = \Delta s^2 + \Delta u^2$，则 $\sigma_P^2 = \sigma_s^2 + \sigma_U^2$。$\sigma_S$ 称为纵向误差，σ_U 称为横向误差。

（3）绝对误差椭圆：以位差的极大值 E 和极小值 F 为长、短半轴的椭圆来代替相应的误差曲线，用来计算待定点在各方向上的位差，故称该椭圆为误差椭圆。将确定误差椭圆的 3 个参数 φ_E（极大值方向）、E（位差的极大值）、F（位差的极小值）称为误差椭圆元素。

相对误差椭圆：为了确定任意两个待定点之间相对位置的某些精度，以计算出相对误差椭圆元素绘制出的误差椭圆称为相对误差椭圆。

两者区别：

①在平面控制网中，绝对误差椭圆用于衡量待定点与已知点的精度，相对误差椭圆用于衡量两个待定点之间的相对位置精度。

②误差椭圆是以待定点位中心绘制的，而相对误差椭圆则通常以两待定点连线的中点为中心。

两者联系：

都是为了衡量待定点的精度，只是参考的对象不同，都能反映出待定点相对于参考对象的精度大小。

（4）解：

①计算极值与极值方向

由法方程系数得：

$$\tan2\varphi_0 = \frac{2Q_{xy}}{Q_{xx} - Q_{yy}} = \frac{2 \times (-0.1958)}{0.8305 - 0.6132} = -1.8021$$

解得 $2\varphi_0 = 60°58'26''$ 或 $240°38'26''$，即极值方向为 $30°29'13''$ 或 $120°29'13''$。

因为 $Q_{xy} < 0$，故 $\varphi_E = 120°29'13''$ 或 $300°29'13''$，$\varphi_F = 30°29'13''$ 或 $210°29'13''$。

计算单位权中误差，即：

$$[x \quad y] = [-0.5255 \quad 0.3462]\text{dm}$$

$$V^T P V = l^T P l - W^T\begin{bmatrix} \hat{x} \\ \hat{y} \end{bmatrix} = 4 - [-0.534 \quad 0.394]\begin{bmatrix} -0.5255 \\ 0.3462 \end{bmatrix}$$

$$= 4 - 0.4170 = 3.5830(''){}^2$$

则：

$$\sigma_0^2 = \frac{V^T P V}{r} = \frac{3.5830}{2} = 1.7915(''){}^2$$

由：

$$K = \sqrt{(Q_{xx} - Q_{yy})^2 + 4Q_{xy}^2} = \sqrt{(0.8395 - 0.6132)^2 + 4 \times (-0.1958)^2} = 0.4523\frac{\text{dm}^2}{('')^2}$$

$$E^2 = \frac{1}{2}\sigma_0^2(Q_{xx} + Q_{yy} + K) = \frac{1}{2} \times 1.7915 \times (0.8395 + 0.6132 + 0.4523) = 1.7064\text{dm}^2$$

$$F^2 = \frac{1}{2}\sigma_0^2(Q_{xx} + Q_{yy} - K) = \frac{1}{2} \times 1.7915 \times (0.8395 + 0.6132 - 0.4523) = 0.8961\text{dm}^2$$

可得位差的极值为 $E = 1.3063\text{dm}$，$F = 0.9466\text{dm}$。

②图解法求待定点的点位中误差

以 $1:5$ 的比例尺，以 P 为中心画误差椭圆，如图 7-2 所示。

P 点的点位中误差求解，根据误差椭圆与误差曲线之间的关系，在如图 7-2 所示椭圆任意一点 T 作切线，再由椭圆中心向该切线引垂线交于 D，D 点为垂足。若令 PD 与 x_e 轴夹角为 ψ，那么，切线 PD 的长度就是误差曲线在 ψ 方向上的向径，即为该方向上的位差。由于点位方差总是等于两个相互垂直方向上坐标方差的平方和，因此取两个相互垂直的方向 PD_1、PD_2，量得 $PD_1 = 2.45\text{cm} = 0.254\text{dm}$，$PD_2 = 2.10\text{cm} = 0.210\text{dm}$，转换为正常尺寸即 $PD_1 = 0.245 \times 5 = 1.225\text{dm}$，$PD_2 = 0.210 \times 5 = 1.050\text{dm}$。

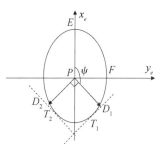

图 7-2　P 点误差椭圆

$$\sigma_P^2 = PD_1^2 + PD_2^2 = 2.6031$$

$$\sigma_P = 1.61\text{dm}$$

③计算法求待定点的点位中误差

$$\sigma_P = \sqrt{E^2 + F^2} = \sqrt{1.7064 + 0.8961} = 1.61\text{dm}$$

（5）解：

①计算极值方向

$Q_{xx} = Q_{yy} = 1.5$，解得 $2\varphi_0 = 90°$ 或 $270°$，即极值方向为 $45°$ 或 $135°$。

因为 $Q_{xy} = 0.2 > 0$，故 $\varphi_E = 45°$ 或 $225°$，$\varphi_F = 135°$ 或 $315°$。

②计算位差的极值

$$K = \sqrt{(Q_{xx} - Q_{yy})^2 + 4Q_{xy}^2} = \sqrt{(1.5 - 1.5)^2 + 4 \times 0.2^2} = 0.4 \frac{\mathrm{dm}^2}{('')^2}$$

$$E = \sqrt{\frac{1}{2}\sigma_0^2(Q_{xx} + Q_{xy} + K)} = \sqrt{\frac{1}{2} \times 1^2 \times (1.5 + 1.5 + 0.4)} = 1.3\mathrm{dm}$$

$$F = \sqrt{\frac{1}{2}\sigma_0^2(Q_{xx} + Q_{yy} - K)} = \sqrt{\frac{1}{2} \times 1^2 \times (1.5 + 1.5 - 0.4)} = 1.14\mathrm{dm}$$

可得 P 点的点位方差为 $\sigma_P = \sqrt{E^2 + F^2} = 1.73\mathrm{dm}$

③PM 方向上的点位误差

$$\sigma_{\varphi} = \sigma_{\alpha_{PM}} = \sqrt{\sigma_0^2(Q_{xx}\cos^2\alpha_{PM} + Q_{yy}\sin^2\alpha_{PM} + Q_{xy}\sin2\alpha_{PM})}$$

$$= \sqrt{1^2 \times (1.5\cos^230 + 1.5\sin^230 + 0.2\sin60)}$$

$$= \sqrt{1.6732} = 1.29\mathrm{dm}$$

或 PM 的方向角为：

$$\psi = \alpha_{PM} - \varphi_E = 30° - 45° = -15° = 345°$$

$$\sigma = \sqrt{E^2\cos^2\psi + F^2\sin^2\psi} = \sqrt{1.7\cos^2345 + 1.3\sin^2345} = 1.29\mathrm{dm}$$

边长相对误差为：

$$\frac{\sigma_{PM}}{S_{PM}} = \frac{1.2395}{31\,500} \approx \frac{1}{25\,413}$$

计算 PA 边的横向误差，垂直方向的方位角为 $\varphi = 30° \pm 90°$，则有：

$$\sigma_U = \sigma_{\varphi} = \sqrt{\sigma_0^2(Q_{xx}\cos^2\varphi + Q_{yy}\sin^2\varphi + Q_{xy}\sin2\varphi)} = \sqrt{1.3268} = 1.1519\mathrm{dm}$$

又由：

$$\sigma_U = \frac{1}{\rho''}S_{PA}\sigma_{\alpha_{PA}}$$

可得 PM 边的方位角中位差为：

$$\sigma_{\alpha_{PA}} = \frac{\rho''\sigma_U}{S_{PA}} = \frac{206\,265 \times 1.1519}{31\,500} = 7.54''$$

（6）解：由题可知，设计的控制网是三等测角网，根据给出的观测数据及近似数据计算未知边的近似边长，结果如表7-2所示。

表7-2　控制网近似边长

方向（边）	近似边长 S^0（m）	方向（边）	近似边长 S^0（m）
P_1P_2	5609.1907	P_2A	4745.2772
P_1A	9306.8356	P_2B	3620.5348
P_1B	8246.9773		

坐标差及方向系数的计算结果如表 7-3 所示。

表 7-3　坐标差及方向系数

方向	Δx^0（m）	Δy^0（m）	$(S^0)^2$（m²）	方向系数（dm⁻¹）	
				$\dfrac{\rho''\Delta y^0}{(S^0)^2}$	$\dfrac{\rho''\Delta x^0}{(S^0)^2}$
P_1P_2	3479.850	-4399.280	31 463 020	-2.884	2.281
P_1A	2344.417	-9006.714	86 617 189	-2.145	0.558
P_1B	7095.105	-4203.822	68 012 635	-1.275	2.152
P_2A	-1135.433	-4607.430	22 517 656	-4.220	-1.040
P_2B	3615.255	195.458	13 108 273	0.308	5.689
P_2P_1	-3479.850	4399.280	31 463 020	2.884	-2.281
AP_1	-2344.417	9006.714	86 617 189	2.145	-0.558
BP_1	-7095.105	4203.822	68 012 635	1.275	-2.152
AP_2	1135.433	4607.434	22 517 656	4.220	1.040
BP_2	-3615.255	-195.458	13 108 273	-0.308	-5.689

根据以上数据可以写出误差方程式，即：

$$\begin{cases}
v_1 = -2.145x_{P_1} - 0.558y_{P_1} + 4.220x_{P_2} - 1.040y_{P_2} - l_1 \\
v_2 = -0.739x_{P_1} - 1.723y_{P_1} + 2.884x_{P_2} + 2.281y_{P_2} - l_2 \\
v_3 = 2.884x_{P_1} + 2.281y_{P_1} - 7.105x_{P_2} - 1.241y_{P_2} - l_3 \\
v_4 = 1.609x_{P_1} + 0.129y_{P_1} - 2.884x_{P_2} - 2.281y_{P_2} - l_4 \\
v_5 = -2.884x_{P_1} - 2.281y_{P_1} + 2.577x_{P_2} + 7.970y_{P_2} - l_5 \\
v_6 = 1.275x_{P_1} + 2.152y_{P_1} + 0.308x_{P_2} - 5.689y_{P_2} - l_6 \\
v_7 = -0.422x_{P_2} + 1.040y_{P_2} - l_7 \\
v_8 = -0.308x_{P_2} + 5.689y_{P_2} - l_8 \\
v_9 = 4.528x_{P_2} - 6.729y_{P_2} - l_9
\end{cases}$$

由误差方程组成法方程为：

$$\begin{bmatrix}
25.9973 & 18.5820 & -43.3540 & -36.9457 \\
18.5820 & 18.3360 & -29.1230 & -36.9006 \\
-43.3540 & -29.1230 & 130.0661 & -0.2345 \\
-36.9457 & -36.9006 & -0.2345 & 187.6373
\end{bmatrix}
\begin{bmatrix}
\hat{x}_{P_1} \\
\hat{y}_{P_1} \\
\hat{x}_{P_2} \\
\hat{y}_{P_2}
\end{bmatrix}
-
\begin{bmatrix}
w_1 \\
w_2 \\
w_3 \\
w_4
\end{bmatrix}
= 0$$

可得协因数阵为：

$$
\begin{bmatrix} Q_{x_1x_1} & Q_{x_1y_1} & Q_{x_1x_2} & Q_{x_1y_2} \\ Q_{y_1x_1} & Q_{y_1y_1} & Q_{y_1x_2} & Q_{y_1y_2} \\ Q_{x_2x_1} & Q_{x_2y_1} & Q_{x_2x_2} & Q_{x_2y_2} \\ Q_{y_2x_1} & Q_{y_2y_1} & Q_{y_2x_2} & Q_{y_2y_2} \end{bmatrix} = \begin{bmatrix} 0.2711 & -0.0946 & 0.0692 & 0.0349 \\ -0.0946 & 0.2534 & 0.0253 & 0.0312 \\ 0.0692 & 0.0253 & 0.0365 & 0.0186 \\ 0.0349 & 0.0312 & 0.0186 & 0.0184 \end{bmatrix} \frac{dm^2}{(\prime\prime)^2}
$$

①计算 P_1 点的误差椭圆元素

$$
\tan 2\varphi_0^{(P_1)} = \frac{2Q_{x_1y_1}}{Q_{x_1x_1} - Q_{y_1y_1}} = \frac{2 \times (-0.0946)}{0.271 - 0.2534} = -10.6699
$$

解得 $2\varphi_0^{(P_1)} = 275°21'15''$ 或 $95°21'15''$，即极值方向为 $137°40'38''$ 或 $47°40'38''$。因为 $Q_{x_1y_1} < 0$，故 $\varphi_{E_1} = 137°40'38''$ 或 $317°40'38''$，$\varphi_{F_1} = 47°40'38''$ 或 $227°40'38''$。

$$
K_1 = \sqrt{(Q_{x_1x_1} - Q_{y_1y_1})^2 + 4Q_{x_1y_1}^2} = \sqrt{(0.2711 - 0.2534)^2 + 4 \times (-0.0946)^2} = 0.0962
$$

$$
E_1^2 = \frac{1}{2}\sigma_0^2(Q_{x_1x_1} + Q_{y_1y_1} + K_1) = \frac{1}{2} \times 1^2 \times (0.2711 + 0.2534 + 0.0962) = 0.3104 dm^2
$$

$$
F_1^2 = \frac{1}{2}\sigma_0^2(Q_{x_1x_1} + Q_{y_1y_1} + K_1) = \frac{1}{2} \times 1^2 \times (0.2711 + 0.2534 - 0.0962) = 0.2142 dm^2
$$

也即 $E_1 = 0.56 dm$，$F_1 = 0.46 dm$。

②计算 P_2 点的误差椭圆元素

$$
\tan 2\varphi_0^{(P_2)} = \frac{2Q_{x_2y_2}}{Q_{x_2x_2} - Q_{y_2y_2}} = \frac{2 \times 0.0186}{0.0365 - 0.0184} = 2.0552
$$

解得 $2\varphi_0^{(P_2)} = 64°03'14''$ 或 $244°03'14''$。因为 $Q_{x_2y_2} > 0$，故 $\varphi_{E_2} = 32°01'37''$ 或 $212°01'37''$，$\varphi_{F_2} = 122°01'37''$ 或 $302°01'37''$。

$$
K_2 = \sqrt{(Q_{x_2x_2} - Q_{y_2y_2})^2 + 4Q_{x_2y_2}^2} = \sqrt{(0.0365 - 0.0184)^2 + 4 \times 0.0186^2} = 0.0414
$$

$$
E_2^2 = \frac{1}{2}\sigma(Q_{x_2x_2} + Q_{y_2y_2} + K_2) = \frac{1}{2} \times 1^2 \times (0.0365 + 0.0184 + 0.0414) = 0.0482 dm^2
$$

$$
F_2^2 = \frac{1}{2}\sigma(Q_{x_2x_2} + Q_{y_2y_2} - K_2) = \frac{1}{2} \times 1^2 \times (0.0365 + 0.0184 - 0.0414) = 0.0068 dm^2
$$

也即 $E_2 = 0.22 dm$，$F_2 = 0.08 dm$。

③计算 P_1、P_2 的相对误差椭圆元素

$$
Q_{\Delta x\Delta x} = Q_{x_1x_1} + Q_{x_2x_2} - 2Q_{x_1x_2} = 0.2711 + 0.0365 - 2 \times 0.0692 = 0.1692 \frac{dm^2}{(\prime\prime)^2}
$$

$$
Q_{\Delta y\Delta y} = Q_{y_1y_1} + Q_{y_2y_2} - 2Q_{y_1y_2} = 0.2534 + 0.0184 - 2 \times 0.0312 = 0.2094 \frac{dm^2}{(\prime\prime)^2}
$$

$$
Q_{\Delta x\Delta y} = Q_{x_1y_1} + Q_{x_2y_2} - Q_{x_1y_2} - Q_{x_2y_1} = -0.0946 + 0.0186 - 0.0349 - 0.0253 = -0.1362 \frac{dm^2}{(\prime\prime)^2}
$$

$$
\begin{bmatrix} Q_{\Delta x\Delta x} & Q_{\Delta x\Delta y} \\ Q_{\Delta y\Delta x} & Q_{\Delta y\Delta y} \end{bmatrix} = \begin{bmatrix} 0.1692 & -0.1362 \\ -0.1362 & 0.2094 \end{bmatrix} \frac{dm^2}{(\prime\prime)^2}
$$

则：

$$\tan 2\varphi_0^{(P_1,P_2)} = \frac{2Q_{\Delta x \Delta y}}{Q_{\Delta x \Delta x} - Q_{\Delta y \Delta y}} = \frac{2 \times (-0.1362)}{0.1362 - 0.2094} = 3.7213$$

则可得 $2\varphi_0^{(P_1,P_2)} = 74°57'31''$ 或 $254°57'31''$。由于 $Q_{\Delta x \Delta y} < 0$，所以极值方向为 $\varphi_{E_{12}} = 127°28'46''$ 或 $307°28'46''$，$\varphi_{F_{12}} = 27°28'46''$ 或 $207°28'46''$。

$$K_{12} = \sqrt{(Q_{\Delta x \Delta x} - Q_{\Delta y \Delta y})^2 + 4Q_{\Delta x \Delta y}^2} = \sqrt{(0.1692 - 0.2094)^2 + 4 \times (-0.1362)^2} = 0.2754$$

$$E_{12}^2 = \frac{1}{2}\sigma_0^2(Q_{\Delta x \Delta x} + Q_{\Delta y \Delta y} + K_{12}) = \frac{1}{2} \times 1^2 \times (0.1692 + 0.2094 + 0.2754) = 0.3270\,\text{dm}^2$$

$$F_{12}^2 = \frac{1}{2}\sigma_0^2(Q_{\Delta x \Delta x} + Q_{\Delta y \Delta y} - K_{12}) = \frac{1}{2} \times 1^2 \times (0.1692 + 0.2094 - 0.2754) = 0.0516\,\text{dm}^2$$

也即 $E_{12} = 0.57\,\text{dm}$，$F_{12} = 0.23\,\text{dm}$。

④计算 P_1、P_2 点的纵向误差和横向误差

由 P_1、P_2 点的近似坐标计算出方位角为 $\alpha_{P_1 P_2} = 308°20'39''$，可以把 $P_1 P_2$ 的方位角在极值方向坐标系中的角值 $\varphi_{P_1 P_2} = \alpha_{P_1 P_2} - \varphi_{E_{12}} = 177°32'30''$ 代入：

$$\sigma_\varphi^2 = E_{12}^2 \cos^2\psi + F_{12}^2 \sin^2\psi = 0.3244$$

沿贯通方向 $P_1 P_2$ 的误差称为贯通时的纵向误差，其数值为：

$$\sigma_S = \sigma_\psi = \sqrt{0.3244} = 0.57\,\text{dm} < 0.5\,\text{m}$$

与贯通方向垂直的误差为横向误差，即将 $\psi \pm 90°$ 代入上式，得：

$$\sigma_U = \sigma_{\psi \pm 90°} = \sqrt{0.0534} = 0.23\,\text{dm} < 0.25\,\text{m}$$

由于要求在贯通方向和重要方向上的误差不超过 $0.5\,\text{m}$ 和 $0.25\,\text{m}$，因此该控制网达到要求。

以 $1:20\,000$ 的比例尺，先将已知点和待定点展绘在图纸上；然后以 $1:50$ 的比例尺，在待定点上画误差椭圆，在待定点连线的中点上绘相对误差椭圆，如图 7-3 所示。

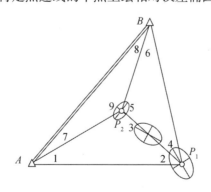

图 7-3　P_1、P_2 点的误差椭圆及相对误差椭圆

项目八　测量平差综合训练

8.1　填空题

（1）用"相等"、"相同"或"不等"填空。已知两段距离的长度及其中误差为 $300.158\text{m} \pm 3\text{mm}$ 和 $600.686\text{m} \pm 3\text{mm}$，则：

①这两段距离的中误差（　　　）。

②这两段距离的误差的最大限差（　　　）。

③这两段距离的精度（　　　）。

④这两段距离的相对精度（　　　）。

（2）设 β 的权为 1，则乘积 4β 的权为（　　　）。

（3）有一角度测 20 个测回，得中误差 $0.42''$，如果要使其中误差为 $0.28''$，则还需要增加（　　　）个测回。

（4）某平面控制网经平差后得出 P 点坐标的协因数阵为 $Q_{\hat{x}\hat{x}} = \begin{bmatrix} 1.69 & 0.00 \\ 0.00 & 1.69 \end{bmatrix} \dfrac{\text{dm}^2}{('')^2}$，单位权中误差为 $\pm 1''$，则 P 点误差椭圆参数中的 $\varphi_E = $（　　　）。

（5）设 n 个同精度独立观测值的权均为 ρ，其算术平均值的权为 $\bar{\rho}$，则 $\dfrac{\rho}{\bar{\rho}} = $（　　　）。

（6）已知水准测量中，某两点间的水准路线长为 $D = 10\text{km}$，若每千米高差测量中误差为 20mm，则该段水准路线的高差测量中误差为（　　　）。

（7）某段水准路线共测 20 站，若取 $c = 200$ 个测站的观测高差为单位权观测值，则该段水准路线观测的权为（　　　）。

（8）观测值 L_1、L_2、$\cdots$、L_n 的权为 $p_1 = p_2 = \cdots = p_n = 2$，若 $Z = \dfrac{[pL]}{p}$，试求 Z 的权 $p_z = $（　　　）。

（9）某三角网共由 100 个三角形构成，其闭合差的 $[ww] = 200''$，测角中误差的估值为（　　　）。（计算取位至 $0.1''$）

（10）某长度由 6 段构成，每段测量偶然误差的中误差为 $\pm 2\text{mm}$，系统误差为 6mm，该长度测量的综合中误差为（　　　）。（计算取位至 0.1mm）

（11）设 $\begin{bmatrix} y_1 \\ y_2 \end{bmatrix} = \begin{bmatrix} 2 & -1 \\ -1 & 3 \end{bmatrix} \begin{bmatrix} x_1 \\ x_2 \end{bmatrix}$，$D_{xx} = \begin{bmatrix} 3 & 2 \\ 2 & 4 \end{bmatrix}$，又设 $F = y_2 + x_1$，则 $m_F^2 = $（　　　）。

（12）取一长为 $2D$ 的直线，其丈量结果的权结果为 1，则长为 D 的直线丈量结果的权 $p_D = $（　　　）。

（13）某平面控制网中一点 P，其协因数阵为 $Q_{xx} = \begin{bmatrix} Q_{xx} & Q_{xy} \\ Q_{yx} & Q_{yy} \end{bmatrix} = \begin{bmatrix} 2.5 & -0.5 \\ -0.5 & 2.5 \end{bmatrix}$，单位权方差 $\sigma_0^2 = 1.0$。则 P 点误差椭圆的方位角 $T = ($　　$)$。

（14）设 $Z = FX$，$W = KY$，$R = AZ + BW$，其中 A、B、F、K 为常系数阵，Q_{xx}、Q_{yy} 已知，$Q_{xy} = 0$，则 $Q_{rx} = ($　　$)$，$Q_{rr} = ($　　$)$。

（15）观测误差的精度是描述（　　　）的程度。

（16）丈量一个圆半径的长度为 3m，其中误差为 ± 10mm，则其圆周长的中误差为（　　　）。

（17）在平坦地区相同观测条件下测得两段观测高差及水准路线的长分别为：$h_1 = 10.125$m，$S_1 = 3.8$km，$h_2 = -8.375$m，$S_2 = 4.5$km，那么 h_1 的精度比 h_2 的精度（　　　），h_2 的权比 h_1 的权（　　　）。

（18）间接平差中误差方程的个数等于（　　　），所选参数的个数等于（　　　）。

（19）控制网中，某点 P 的真位置与其平差后得到的点位的距离称为 P 点的（　　　）。

（20）用钢尺丈量距离，有下列几种情况使得结果产生误差，试分别判定误差的性质及符号。

①尺长不准确：（　　　）。

②尺不水平：（　　　）。

③估读小数不准确：（　　　）。

④尺垂曲：（　　　）。

⑤尺端偏离直线方向：（　　　）。

（21）在水准测量中，有下列几种情况使水准读数有误差，试判断误差的性质及符号。

①视准轴与水准轴不平行：（　　　）。

②仪器下沉：（　　　）。

③读数不准确：（　　　）。

④水准尺下沉：（　　　）。

（22）已知观测向量 $L = \begin{bmatrix} L_1 \\ L_2 \\ L_3 \end{bmatrix}$ 的协方差阵 $D_{LL} = \begin{bmatrix} 3 & 0 & -1 \\ 0 & 4 & 1 \\ -1 & 1 & 2 \end{bmatrix}$，单位权方差 $\sigma_0^2 = 2$，设有函数 $f_1 = L_1 L_2$，$f_2 = 2L_1 - L_3$，则 $D_{f_1} = ($　　$)$，$D_{f_2} = ($　　$)$，$D_{f_1} f_2 = ($　　$)$，$p_{L_1} = ($　　$)$，$p_{L_2} = ($　　$)$，$p_{L_3} = ($　　$)$，$Q_{f_1 f_2} = ($　　$)$。

（23）已知观测向量 $L = \begin{bmatrix} L_1 & L_2 \end{bmatrix}^T$ 的协方差阵 $D_{LL} = \begin{bmatrix} 3 & -1 \\ -1 & 2 \end{bmatrix}$，而 L_1 关于 L_2 的协因数 $q_{L_1 L_2} = -\dfrac{1}{5}$，则单位权方差 $\sigma_0^2 = ($　　$)$，$p_{L_1} = ($　　$)$，$p_{L_2} = ($　　$)$。

（24）设观测值向量 $L = \begin{bmatrix} L_1 & L_2 \end{bmatrix}^T$ 的权阵 $P_{LL} = \begin{bmatrix} 2 & 1 \\ 1 & 3 \end{bmatrix}$，已知变换 $Y = \begin{bmatrix} y_1 \\ y_2 \end{bmatrix} =$

$\begin{bmatrix} 1 & 0.5 \\ 0.5 & 1 \end{bmatrix} \begin{bmatrix} L_1 \\ L_2 \end{bmatrix} + \begin{bmatrix} 5 \\ 6 \end{bmatrix}$，则变换 Y 的权阵 $P_{YY} = （\quad）$，相比之下 y_1 的精度比 L_1 的精度（　　），y_2 的精度比 L_2 的精度（　　）。

（25）某控制网，必要观测数 $t = 3$，有 9 个观测值。若设 2 个函数独立参数，则按（　　）进行平差，应列（　　）个条件方程和（　　）个误差方程。

（26）第 25 题中，若选 5 个参数，就要按（　　）进行平差，应列立（　　）个方程，其中（　　）个方程，（　　）个条件方程。

（27）设某平面控制网中两待定点 P_1 与 P_2 连线的坐标方位角 $\alpha_{P_1P_2} = 135°$，边长 $S_{P_1P_2} = 650.10\text{m}$，经平差计算得 P_1 与 P_2 点间相对误差椭圆参数 $\varphi E_{12} = 75°$，$E_{12} = 6\text{cm}$，$F_{12} = 4\text{cm}$，则 P_1 与 P_2 两点间边长相对中误差为（　　）。

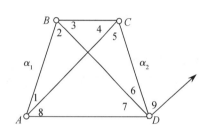

图 8-1　大地四边形

（28）在如图 8-1 所示的测角网中，A、B、C、D 为待定点，1～9 为角度观测值，方位角 α_1 与 α_2 为已知，若要确定该网的形状，必要观测数为（　　），可列（　　）个条件方程。

（29）在相同条件下丈量两段距离，$S_1 = 100\text{m}$，$S_2 = 900\text{m}$。设 S_1 丈量 3 次平均值的权 $P_1 = 2$，则对 S_2 丈量 5 次平均值的权 $P_2 = （\quad）$，这是以（　　）作为单位权观测值。

（30）设某平差问题的函数模型（观测值是等精度的）为 $\begin{cases} v_1 = x_1 \\ v_2 = x_2 + x_3 - 5 \\ v_3 = x_1 + x_3 - 3 \\ v_4 = x_3 \\ v_2 = x_2 \\ x_1 + x_2 + x_3 - 7 = 0 \end{cases}$，用此模型进行平差称为（　　），其观测值个数 $n = （\quad）$，参数个数 $u = （\quad）$，必要观测数 $t = （\quad）$。

（31）条件平差的函数模型是（　　），附有参数的条件平差的函数模型是（　　），它的随机模型是（　　）。

（32）在如图 8-2 所示的控制网中，A 和 B 为已知点，C、D、E、F 为待定点，观测了

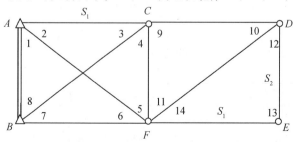

图 8-2　边角网

全网中的 14 个内角，两个边长 S_1 和 S_2，计算或回答下列问题。①条件式个数为（ ）；②必要观测个数为（ ）；③写出一个极条件（不必线性化）；④写出一个正弦条件（线性形式）。

填空题答案

（1）①相等；②相等；③相同；④不等。

（2）$\dfrac{1}{16}$。（3）25。（4）1.69。（5）n。（6）63mm。（7）10。

（8）$2n$。（9）0.8''。（10）36.3mm。（11）36。（12）$\dfrac{2d}{D}$。（13）45°或135°。

（14）$Q_{RX}=AFQ_{XX}$ $Q_{RR}=AFQ_{XX}F^TA^T+BKQ_{XX}K^TB^T$。

（15）误差分布密集或离散程度。（16）188.4mm。（17）高、小。

（18）观测个数、必要观测数。（19）点位真误差。

（20）①系统误差。当尺长大于标准尺长时，观测值小，符号为"＋"；当尺长小于标准尺长时，观测值大，符号为"－"。

②系统误差，符号为"－"。

③偶然误差，符号为"＋"或"－"。

④系统误差，符号为"－"。

⑤系统误差，符号为"－"。

（21）①系统误差。当 i 角为正时，符号为"－"；当 i 角为负时，符号为"＋"。

②系统误差，符号为"＋"。

③偶然误差，符号为"＋"或"－"。

④系统误差，符号为"－"。

（22）$D_{f_1}=\begin{bmatrix} L_2 & L_1 \end{bmatrix}\begin{bmatrix} 3 & 0 \\ 0 & 4 \end{bmatrix}\begin{bmatrix} L_2 \\ L_1 \end{bmatrix}=3L_2^2+4L_1^2$

$D_{f_2}=\begin{bmatrix} 2 & -1 \end{bmatrix}\begin{bmatrix} 3 & -1 \\ -1 & 2 \end{bmatrix}\begin{bmatrix} 2 \\ -1 \end{bmatrix}=18$

$D_{f_1}D_{f_2}=\begin{bmatrix} L_2 & L_1 & 0 \end{bmatrix}\begin{bmatrix} 3 & 0 & -1 \\ 0 & 4 & 0 \\ -1 & 1 & 2 \end{bmatrix}\begin{bmatrix} 2 \\ 0 \\ -1 \end{bmatrix}=-L_1+7L_2$

$p_{L_1}=\dfrac{2}{3}$、$p_{L_2}=\dfrac{1}{2}$、$p_{L_3}=1$。

$Q_{f_1f_2}=\dfrac{1}{\sigma_0^2}D_{f_1}D_{f_2}=\dfrac{1}{2}$（$-L_1+7L_2$）

（23）$\sigma_0^2=5$、$P_{L_1}=\dfrac{5}{3}$、$P_{L_2}=\dfrac{5}{2}$。

（24）$Q_{LL}=\dfrac{1}{5}\begin{bmatrix} 3 & -1 \\ -1 & 2 \end{bmatrix}=\begin{bmatrix} 0.6 & -0.2 \\ -0.2 & 4 \end{bmatrix}$

$$Q_{YY} = \begin{bmatrix} 1 & 0.5 \\ 0.5 & 1 \end{bmatrix} \begin{bmatrix} 0.6 & -0.2 \\ -0.2 & 4 \end{bmatrix} \begin{bmatrix} 1 & 0.5 \\ 0.5 & 1 \end{bmatrix}^T = \begin{bmatrix} 0.5 & 0.25 \\ 0.25 & 0.35 \end{bmatrix}$$

$$P_{YY} = Q_{YY}^{-1} \begin{bmatrix} 3.11 & -2.22 \\ -2.22 & 3.11 \end{bmatrix}$$

高、高。

（25）附有未知参数的条件平差法、8、0。

（26）附有限制条件的间接平差法、9、2、7。

（27）$m_{S_{12}} = 4.582$、$\dfrac{m_{S_{12}}}{S_{12}} = \dfrac{1}{14200}$。

（28）4 个、5 个。

（29）$\dfrac{1}{27}$、以 100m 距离丈量 $\dfrac{3}{2}$ 次的平均值。

（30）附有限制条件的间接平差法、5、3、2。

（31）$AV + W = 0$、$AV + B\hat{x} + w = 0$、$D_{LL} = \sigma_0^2 Q_{LL}$。

（32）① 8；② $2 \times 4 = 8$；

③ $\dfrac{\sin \hat{L}_1 \sin \hat{L}_3 \sin \hat{L}_5 \sin \hat{L}_7}{\sin \hat{L}_2 \sin \hat{L}_4 \sin \hat{L}_6 \sin \hat{L}_8} = 1$；

④ $\dfrac{\hat{S}_1}{\sin \hat{L}_{12}} = \dfrac{\hat{S}_2}{\sin \hat{L}_{14}}$，即 $\dfrac{\hat{S}_1 \sin \hat{L}_{14}}{\hat{S}_2 \sin \hat{L}_{12}} = 1$。

线性化后可得 $-\cot L_{12} - \cot L_{14} v_{L_{14}} + \dfrac{\rho''}{S_1} v_{S_1} - \dfrac{\rho''}{S_2} v_{S_2} - \rho'' \left(\dfrac{S_2 \sin L_{12}}{S_1 \sin L_{14}} - 1 \right) = 2$。

8.2　判断题

对以下说法进行正误判断：正确的选"T"，错误的选"F"。

（1）在测角中正倒镜观测是为了消除偶然误差。　　　　　　　　　　　　　（　　）

（2）如果随机变量 X 和 Y 服从正态分布，且 X 和 Y 的协方差为 0，则 X 和 Y 相互独立。

　　　　　　　　　　　　　　　　　　　　　　　　　　　　　　　　　　（　　）

（3）观测值与最佳估值之差为真误差。　　　　　　　　　　　　　　　　　（　　）

（4）系统误差可用平差的方法进行减弱或消除。　　　　　　　　　　　　　（　　）

（5）权一定与中误差的平方成反比。　　　　　　　　　　　　　　　　　　（　　）

（6）间接平差与条件平差一定可以相互转换。　　　　　　　　　　　　　　（　　）

（7）在按比例画出的误差曲线上可直接量得相应边的边长中误差。　　　　　（　　）

（8）对同一量的 N 次不等精度观测值的加权平均值，与用条件平差所得的结果一定相同。

　　　　　　　　　　　　　　　　　　　　　　　　　　　　　　　　　　（　　）

（9）无论是用间接平差还是条件平差，对于待定的平差问题，法方程阶数一定等于必要观测数。

　　　　　　　　　　　　　　　　　　　　　　　　　　　　　　　　　　（　　）

（10）对于待定的平面控制网，如果按条件平差法解算，则条件式的个数是一定的，形式是一定的。   （   ）

（11）观测值 L 的协因数阵 Q_{LL} 主对角线元素 Q_{ii} 不一定表示观测值 L_i 的权。   （   ）

（12）当观测值的个数大于必要观测数时，该模型可被唯一确定。   （   ）

（13）定权时，σ_0 可任意给定，它仅起比例常数的作用。   （   ）

（14）设有两个水平角的测角中误差相等，则角度值大的水平角相对精度高。 （   ）

（15）偶然误差符合统计规律。   （   ）

（16）三角形闭合差是真误差。   （   ）

（17）权一定无单位。   （   ）

（18）对于同一个平差问题，间接平差和条件平差的结果有可能出现显著差异。（   ）

（19）一点的纵横坐标 (X,Y) 均是角度观测值与边长观测值的函数，即使角度观测值与边长观测值是独立观测值，X、Y 之间也是相关的。   （   ）

（20）误差椭圆 3 个参数的含义分别是：φ_E 为位差极大值方向的坐标方位角；E 为位差极大值方向；F 为位差极小值方向。   （   ）

（21）各观测值权之间的比例关系与各观测值中误差之间的比例关系相同。 （   ）

（22）平差值是观测值的最佳估值。   （   ）

（23）平差前观测值的方差阵一般是已知的。   （   ）

（24）观测值精度相同，其权不一定相同。   （   ）

（25）具有无偏性、一致性的平差值都是最优估计量。   （   ）

（26）偶然误差与系统误差的传播规律是一致的。   （   ）

（27）在水准测量中，估读尾数不准确产生的误差是系统误差。   （   ）

（28）已知两段距离的长度及其中误差为 300.158m±3.5cm 和 600.686m±3.5cm，则这两段距离的最大限差相等。   （   ）

（29）在水准测量中，由于水准尺下沉，产生系统误差，符号为"＋"。 （   ）

（30）若观测量的准确度高，其精度也一定高。   （   ）

（31）在条件平差中，改正数方程的个数等于多余观测数。   （   ）

（32）点位方差总是等于两个相互垂直方向上的方差之和。   （   ）

（33）在间接平差中，直接观测量可以作为未知数，但是间接观测量不能作为未知数。

                                                            （   ）

☆ 判断题答案

(1)~(5)：F T F F T (6)~(10)：T T T F T (11)~(15)：T F T F T (16)~(20)：T F F T T
(21)~(25)：F T F F T (26)~(30)：F F T T F (31)~(33)：T T F

8.3 选择题

以下选择题至少有一个正确选项。

（1）取一长度为 d 的直线，其丈量结果的权为 1，则长度为 D 的直线，其丈量结果的权 $P_D = （\quad）$。

A. $\dfrac{d}{D}$ B. $\dfrac{D}{d}$ C. $\dfrac{d^2}{D^2}$ D. $\dfrac{D^2}{d^2}$

（2）某平面控制网中一点 P，其协因数阵为 $Q_{XX} = \begin{bmatrix} Q_{xx} & Q_{xy} \\ Q_{yx} & Q_{yy} \end{bmatrix} = \begin{bmatrix} 0.5 & -0.25 \\ -0.25 & 0.5 \end{bmatrix}$，其单位权方差 $\sigma_0^2 = 2.0$，则 P 点误差椭圆的方位角 $T = ($ $)$。

A. $90°$ B. $135°$ C. $120°$ D. $45°$

（3）设 L 的权为 1，则乘积 $4L$ 的权 $P = ($ $)$。

A. $\dfrac{1}{4}$ B. 4   C. $\dfrac{1}{16}$ D. 16

（4）设 $\begin{bmatrix} y_1 \\ y_2 \end{bmatrix} = \begin{bmatrix} 2 & -1 \\ -1 & 3 \end{bmatrix} \begin{bmatrix} x_1 \\ x_2 \end{bmatrix}$，$D_{XX} = \begin{bmatrix} 3 & 1 \\ 1 & 4 \end{bmatrix}$，又设 $F = x_1 + y_2$，则 $M_F^2 = ($ $)$。

A. 9   B. 16   C. 144   D. 36

（5）下列哪些是偶然误差（   ）。

A. 钢尺量边中的读数误差。

B. 测角时的读数误差。

C. 钢尺量边中，由于钢尺名义长度与实际长度不等造成的误差。

D. 垂直角测量时的竖盘指标差。

（6）一组观测值为同精度观测值，则（   ）。

A. 任意一对观测值间的权的比是不同的。

B. 对一组观测值定权时，必须根据观测值的类型选择不同的单位权方差。

C. 该组观测值的权倒数全为 $\dfrac{1}{8}$。

D. 任意两个观测值权之间的比例为 1。

（7）某测角网的网形为中点多边形，其中共有 5 个三角形，实测水平角 15 个，则（   ）。

A. 极条件方程 2 个。   B. 必要观测数 8 个。

C. 水平条件方程 2 个。   D. 水平条件方程 1 个。

（8）对第（7）题进行间接平差，正确的是（   ）。

A. 法方程的个数为 5 个。   B. 待求量的个数为 5 个。

C. 误差方程的个数为 5 个。   D. 待求量的个数为 23 个。

（9）下列观测中，哪些是具有"多余观测"的观测活动（   ）。

A. 对平面三角形的三个内角各观测一测回，以确定其形状。

B. 测定直角三角形的两个锐角和一边长，以确定该直角三角形的大小及形状。

C. 对两边长各测量一次。

D. 三角高程测量中对水平边和垂直角都进行一次观测。

（10）下列属于偶然误差特性的是（   ）。

A. 绝对值小的误差比绝对值大的误差出现的频率小。

B. 当偶然误差的个数趋向极大时，偶然误差的代数和趋向零。

C. 误差分布的离散程度是指大部分误差绝对值小于某极限值绝对值的程度。

D. 误差的符号只与观测条件有关。

（11）某测角网的网形为中点多边形，其中共有 3 个三角形，共测水平角 9 个，则（　　）。

A. 条件方程共有 5 个。　　　　　　　　B. 极条件方程有 2 个。

C. 水平条件方程有 2 个。　　　　　　　D. 极条件方程有 1 个。

（12）在 t 检验中，设置检验显著水平为 0.05，由此确定的拒绝域界限值为 1.96，某被检验量 M 的 t 检验值为 1.99，则（　　）。

A. 原假设成立。　　　　　　　　　　　B. 备选假设不成立。

C. 原假设不成立。　　　　　　　　　　D. 备选假设成立。

（13）观测条件是指（　　）。

A. 产生观测误差的几个主要因素（仪器、观测者、外界条件等）的综合。

B. 测量时的几个基本操作（仪器的对中、整平、照准、度盘配置、读数等）要素的综合。

C. 观测时的外界环境（温度、湿度、气压、大气折光等）因素的综合。

D. 观测时的天气状况与观测点地理状况诸因素的综合。

（14）已知观测向量 $L = \begin{bmatrix} L_1 \\ L_2 \end{bmatrix}$ 的协方差为 $D_{LL} = \begin{bmatrix} 3 & -1 \\ -1 & 2 \end{bmatrix}$，若有观测值函数 $y_1 = 2L_1$，$y_2 = L_1 + L_2$，则 $\sigma_{y_1 y_2}$ 等于（　　）。

A. $\dfrac{1}{4}$　　　　B. 2　　　　C. $\dfrac{1}{2}$　　　　D. 4

（15）已知观测向量 $L = \begin{bmatrix} L_1 \\ L_2 \end{bmatrix}$ 的权阵 $P_L = \begin{bmatrix} 2 & -1 \\ -1 & 3 \end{bmatrix}$，单位权方差 $\sigma_0^2 = 5$，则观测值 L_1 的方差 $\sigma_{L_1}^2$ 等于（　　）。

A. 0.4　　　　B. 2.5　　　　C. 3　　　　D. $\dfrac{25}{3}$

（16）已知测角网如图 8-3 所示，观测了各三角形的内角，判断下列结果正确的是（　　）。

A. 应列出 4 个条件方程。

B. 应列出 5 个线性方程。

C. 有 5 个多余观测。

D. 应列出 5 个角闭合条件。

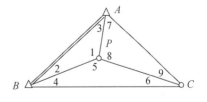

图 8-3　测角网

（17）已知条件方程：$\begin{cases} v_1 - v_2 + v_5 + 7 = 0 \\ v_3 - v_4 + v_5 + 8 = 0 \end{cases}$，观测值协因数阵 $Q = \mathrm{diag}\,(2, 1, 1, 2, 1)$，通过计算求得 $K = \begin{bmatrix} -1.333 & -1.667 \end{bmatrix}^T$，$q = \begin{bmatrix} -1.894 & -0.781 \end{bmatrix}^T$，据此可求得改正数 v_5 为（　　）。

A. −3.0　　　　　　B. −1.1136　　　　　　C. −1.333　　　　　　D. −1.894

（18）已知误差方程为 $\begin{cases} v_1 = x - 5 \\ v_2 = x + 6 \end{cases}$，权为 $\begin{cases} p_1 = 4 \\ p_2 = 6 \end{cases}$，由此组成的法方程为（　　）。

A. $2x + 1 = 0$

B. $10x + 16 = 0$

C. $\begin{bmatrix} 4 & 0 \\ 0 & 6 \end{bmatrix} x - \begin{bmatrix} 5 \\ -6 \end{bmatrix} = \begin{bmatrix} 0 \\ 0 \end{bmatrix}$

D. $\begin{bmatrix} 4 & 0 \\ 0 & 6 \end{bmatrix} - \begin{bmatrix} x_1 \\ x_2 \end{bmatrix} + \begin{bmatrix} 20 \\ -36 \end{bmatrix} = \begin{bmatrix} 0 \\ 0 \end{bmatrix}$

（19）已知误差方程为 $\begin{cases} v_1 = x_1 - 5 \\ v_2 = x_2 + 6 \\ v_3 = -x_1 + x_2 - 7 \end{cases}$，权为 $\begin{cases} p_1 = 1 \\ p_2 = 2 \\ p_3 = 1 \end{cases}$，则法方程为（　　）。

A. $\begin{bmatrix} 2 & -1 \\ -1 & 3 \end{bmatrix} \begin{bmatrix} x_1 \\ x_2 \end{bmatrix} + \begin{bmatrix} 2 \\ -5 \end{bmatrix} = \begin{bmatrix} 0 \\ 0 \end{bmatrix}$

B. $\begin{bmatrix} 2 & -1 \\ -1 & 3 \end{bmatrix} \begin{bmatrix} x_1 \\ x_2 \end{bmatrix} + \begin{bmatrix} 2 \\ 5 \end{bmatrix} = \begin{bmatrix} 0 \\ 0 \end{bmatrix}$

C. $\begin{bmatrix} 2 & 0 \\ 0 & 3 \end{bmatrix} \begin{bmatrix} x_1 \\ x_2 \end{bmatrix} + \begin{bmatrix} -2 \\ -5 \end{bmatrix} = \begin{bmatrix} 0 \\ 0 \end{bmatrix}$

D. $\begin{bmatrix} 2 & 0 \\ 0 & 3 \end{bmatrix} \begin{bmatrix} x_1 \\ x_2 \end{bmatrix} + \begin{bmatrix} 2 \\ 5 \end{bmatrix} = \begin{bmatrix} 0 \\ 0 \end{bmatrix}$

（20）已知条件方程为 $\begin{cases} v_1 + v_2 + v_3 - 2.7 = 0 \\ -v_1 + 0.6v_2 + 0.8v_{S_1} - 0.7v_{S_2} + 1.6 = 0 \end{cases}$，权为 $p_1 = p_2 = p_3 = 1$，

$p_{S_1} = \dfrac{2 \; (")^2}{\mathrm{cm}^2}$，$p_{S_2} = \dfrac{0.5 \; (")^2}{\mathrm{cm}^2}$，解算其法方程得 $K = \begin{bmatrix} 0.8 & -0.5 \end{bmatrix}^T$，据此可求出 v_2 为

（　　）。

A. 0.8″　　　　　　B. −0.5cm　　　　　　C. 0.5″　　　　　　D. 0.9″

（21）用钢尺量得两段距离的长度：$L_1 = 1000\mathrm{m} \pm 5\mathrm{cm}$，$L_2 = 100\mathrm{m} \pm 5\mathrm{cm}$，以下说法正确的是（　　）。

A. 由于 $\sigma_1 = \sigma_2$，故两个边长的观测精度相同。

B. 由于 $L_1 > L_2$，故 L_2 的精度比 L_1 的精度高。

C. 由于 $\dfrac{\sigma_1}{L_1} < \dfrac{\sigma_2}{L_2}$，故 L_1 的精度比 L_2 的精度高。

D. 由于它们的中误差相同，所以其精度相同。

选择题答案

（1）A　（2）B　（3）C　（4）D　（5）AB　（6）D　（7）D　（8）C　（9）AB
（10）BC　（11）AD　（12）CD　（13）A　（14）D　（15）C　（16）C　（17）A
（18）B　（19）B　（20）C　（21）C

8.4　计算题

（1）为了检定经纬仪的精度，对已知水平角做了 9 测回的同精度观测。已知角的角度值为 50°00′15″（无误差），9 个测回的观测结果如表 8-1 所示。试求一个测回的观测值中误差及其误差范围。

表 8-1　水平角观测值

测回号	观测值 (° ′ ″)	测回号	观测值 (° ′ ″)	测回号	观测值 (° ′ ″)
1	50　00　10	4	50　00　12	7	50　00　10
2	50　00　18	5	50　00　16	8	50　00　20
3	50　00　20	6	50　00　15	9	50　00　21

（2）已知 $S_1 = 500.000\text{m} \pm 20\text{mm}$，$S_2 = 1000.000\text{m} \pm 20\text{mm}$。试说明：它们的中误差、最大误差及精度是否相等？

（3）在如图 8-4 所示的四边形中，独立观测 α、β、γ 三个内角，它们的中误差分别为 3.0″、4.0″、5.0″，试求：

①第 4 个角 δ 的中误差。

②$F = \alpha + \beta + \gamma + \delta$ 的中误差。

（4）在用钢尺量距时，共量了 n 个尺段，设每一个尺段的读数和对中误差为 σ，检定误差为 ε，求全长的综合误差。

（5）角度观测一个测回的中误差为 6″，为使最后结果的中误差不超过 3″，问该角度应至少观测多少个测回？

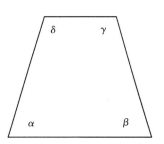

图 8-4　四边形

（6）在用经纬仪测塔高的作业中，已知仪器高 1.6m，其中误差为 2mm，测得仪器距塔的水平距离为 $S = 200.000\text{m} \pm 12\text{mm}$，竖直角 $\alpha = 15°30'30'' \pm 20''$，试求塔高及其中误差。

（7）已知 L_1、L_2、L_3 的方差矩阵为 $\begin{bmatrix} 6 & 2 & 1 \\ 2 & 4 & -1 \\ 1 & -1 & 2 \end{bmatrix}$，试求下列函数的中误差。

①$F = L_1 + 3L_2 - L_3$

②$F = L_1 + 3L_2 L_3$

（8）设同精度观测一个三角网共 20 个三角形，其闭合差如表 8-2 所示，求三角形闭合差的中误差。

表 8-2　三角形闭合差

编号	ω（″）	编号	ω（″）	编号	ω（″）	编号	ω（″）
1	2.0	6	-1.8	11	2.2	16	-1.9
2	-1.6	7	2.6	12	-1.3	17	2.5
3	1.0	8	-2.2	13	1.8	18	-2.0
4	1.2	9	1.7	14	1.5	19	1.7
5	-2.4	10	1.5	15	-2.4	20	1.1

（9）已知观测值 $S = 500.000\text{m} \pm 10\text{mm}$，试求观测值 S 的相对中误差。

（10）设观测两个长度，结果分别为 $S_1 = 500.000\text{m} \pm 20\text{mm}$，$S_2 = 800.000\text{m} \pm 25\text{mm}$。试

计算两个长度和及差的相对中误差，并比较和与差的精度。

（11）在三角形中，同精度独立观测了 2 个内角，它们的中误差均为 3″，求第 3 个角的中误差。

（12）角度 α 是一个 4 测回的平均值，每测回中误差为 8.0″，角度 β 是 9 个测回的平均值，每一测回的中误差为 9.0″，求 $F = \alpha - \beta$ 的中误差。

（13）若起点高程的中误差为 10mm，而水准路线每千米的观测中误差不超过 10mm，求全长为 25km 的水准路线终点高程中误差。

（14）在已知点间布设一条附和水准路线，已知每千米观测中误差为 5mm，欲使平差后最弱点（线路中点）的误差不大于 10mm，问该路线最长可布设多少千米？

（15）已知 h_1 的单位权中误差为 3mm（以 4km 为单位权），线路长为 4km；h_2 的单位权中误差为 2mm（以 1km 为单位权），路线长为 9km；h_3 的单位权中误差为 4mm（以 4km 为单位权），线路长为 16km。试确定三段高差的权之比。

（16）附和水准路线长为 40km，令每千米观测高差的权等于 10，求闭合差分配前后中点高差的权。

（17）同精度独立测得三角形 3 个内角（权均为 1）。试求将闭合差平均分配后，各内角的权及闭合差的权。

（18）设 L_1、L_2、L_3 为某量不等精度观测值，它们的权之比为 $P_1 : P_2 : P_3 = 1 : 2 : 3$。已知 L_2 的中误差为 6″，求 L_1、L_3 的中误差。

（19）L 是独立观测值 L_1、L_2 的和。已知 L_1 是观测 16 次的平均值，每次观测中误差为 12″，L_2 是观测 25 次的平均值，每次观测值的中误差为 20″。以 10″ 为单位权中误差，试求 L 的权。

（20）三角形有两个角用同一经纬仪测 2 个测回，每个测回中误差为 5″，若第 3 个角用另一台经纬仪观测，每个测回中误差为 10″，问第 3 个角应测几个测回才能使其的权与第 1 个角和第 2 个角的权相等？

（21）已知 L_1、L_2 的协因数阵为 $Q_{LL} = \begin{bmatrix} 2 & -1 \\ -1 & 2 \end{bmatrix}$，试求 $Y = \begin{bmatrix} y_1 \\ y_2 \end{bmatrix} = \begin{bmatrix} 1 & 1 \\ 2 & 1 \end{bmatrix} \begin{bmatrix} L_1 \\ L_2 \end{bmatrix}$ 的协因数。

（22）已知观测向量 L 的协因数阵为 $Q_{LL} = \begin{bmatrix} 2 & -1 \\ -1 & 3 \end{bmatrix}$，求：

①观测向量 L 的权阵。

②观测值 L_1、L_2 的权。

（23）一距离丈量 6 次，结果分别为：$L_1 = 546.535m$，$L_2 = 546.548m$，$L_3 = 546.520m$，$L_4 = 546.546m$，$L_5 = 546.550m$，$L_6 = 546.537m$。试求该距离的最或是值及其中误差。

（24）对某角度的观测结果为：$L_1 = 50°30'15''$，$L_2 = 50°30'10''$，$L_3 = 50°30'16''$，$L_4 = 50°30'08''$，$P_1 = 2$，$P_2 = 3$，$P_3 = 4$，$P_4 = 5$。试求该角度最或是值及其中误差。

（25）在 A、B 两点间分 4 段进行水准测量，每段均进行往返测，所得数据如表 8-3 所示。

表 8-3　水准测量观测值 1

段号	距离（km）	观测高差（m）	
		往	返
A—1	5	− 0.183	0.180
1—2	5	1.663	− 1.660
2—3	10	1.436	− 1.428
3—B	10	− 0.050	0.060

试求：

① 1km 观测高差的中误差。

②全长单程观测高差的中误差。

③全长观测高差平均值的中误差。

（26）用最小二乘法的原理证明对某量进行 n 次不同精度观测，该量的最或是值为加权平均值。

（27）设某水准网的 4 个条件方程为：

$$\begin{cases} v_2 - v_5 - v_7 - 2 = 0 \\ v_4 - v_6 + v_7 + 4 = 0 \\ v_5 - v_6 + v_8 + 4 = 0 \\ v_1 + v_4 + v_8 + 0 = 0 \end{cases}$$

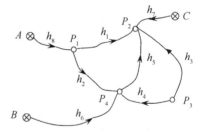

图 8-5　高程控制网

各路线长度为 $S_1 = S_4 = 1\text{km}$，$S_2 = S_3 = S_5 = S_6 = 2\text{km}$，$S_7 = S_8 = 2.5\text{km}$。1km 观测高差为单位权观测，试组成法方程。

（28）某水准网如图 8-5 所示。已知 $H_A = H_B = H_C = 5.000\text{m}$。各路线的观测高程路线长度如表 8-4 所示，试按条件平差法组成法方程。

表 8-4　水准测量观测站

序号	1	2	3	4	5	6	7	8
h（m）	1.359	2.008	0.363	1.000	− 0.657	0.357	0.304	− 1.654
S（m）	2	2	2	2	4	4	4	4

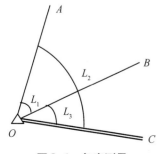

图 8-6　角度测量

（29）如图 8-6 所示，测得 $L_1 = 35°20'15''$，$L_2 = 65°19'28''$，$L_3 = 29°59'10''$。已知 L_1、L_2、L_3 相互独立，试求平差后 $\angle AOB$ 的权倒数。

（30）设分 6 段测定 A、B 两水准点间的高差，每段各测两次，其结果如表 8-5 所示，试求：

①每千米观测的中误差。

②第二段观测高差的中误差。

③第二段观测高差平均值的中误差。

④全长一次（往测或返测）观测高差的中误差及全长高差平均值的中误差。

表 8-5　水准测量观测值及平差计算

段号	高差（m）		$d_i = L_i' - L_i''(\text{mm})$	$d_i d_i(\text{mm}^2)$	距离 S（km）	$p_i d_i d_i(\text{mm}^2)$
	L_i'	L_i''				
1	3.248	3.240	8	64	4.0	16.0
2	0.348	0.356	-8	64	3.2	20.0
3	1.444	1.437	7	49	2.0	24.5
4	-3.360	-3.352	-8	64	2.6	24.6
5	-3.699	-3.704	8	25	3.4	7.4
6	1.218	1.212	6	36	1.8	20.0

$$\sum_{i=1}^{\sigma} S = 17.0\text{km},\ \sum_{i=1}^{\sigma} p_i d_i d_i = 112.5\text{mm}^2$$

（31）在条件平差中，证明观测量的平差值和改正数不相关。

（32）为确定某一直线方程 $Y = AX + B$，观测了 8 个点处的 Y 值，数据如表 8-6 所示，设观测值等精度独立，试按间接平差法求：

①该直线的方程。

②直线方程参数的观测中误差。

表 8-6　观测数据

X_i	1.00	2.00	3.00	4.00	5.00	6.00	7.00	8.00
Y_i	4.78	7.73	8.38	10.12	12.05	13.90	15.78	17.58

（33）如图 8-7 所示，观测高差及路线长度如表 8-7 所示，已知 $H_A = 40.000\text{m}$，$H_B = 50.360\text{m}$。试按条件平差法求：

①各观测值的平差值。

②平差后 C 点与 D 点间高差的中误差。

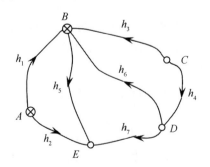

图 8-7　水准测量

表 8-7　水准测量观测表

序号	1	2	3	4	5	6	7
h（m）	10.356	15.000	20.360	14.501	4.651	5.856	10.500
S（km）	1	1	2	2	1	1	2

（34）在如图 8-8 所示的水准网中，已知 $H_A = 12.013\text{m}$，$H_B = 10.013\text{m}$，观测高差及路线长度为：$h_1 = -1.004\text{m}$，$h_2 = 1.516\text{m}$，$h_3 = 2.512\text{m}$，$h_4 = 1.520\text{m}$，$S_1 = 2\text{km}$，$S_2 = 1\text{km}$，$S_3 = 2\text{km}$，$S_4 = 1.5\text{km}$。试按间接平差法求：

①各待定点高程的平差值及中误差。

②P_1、P_2 点间高差的平差值及中误差。

（35）由高程已知水准点 A、B、C 和 D 向待定点进行水准测量，如图 8-9 所示，观测值和路线长度为：$S_1 = 1\text{km}$，$S_2 = 2\text{km}$，$S_3 = 2\text{km}$，$S_4 = 1\text{km}$，$h_1 = 3.480\text{m}$，$h_2 = 4.967\text{m}$，$h_3 = 3.420\text{m}$，$h_4 = 2.347\text{m}$，$H_A = 3.520\text{m}$，$H_B = 2.045\text{m}$，$H_C = 3.578\text{m}$，$H_D = 4.656\text{m}$。试按间接平差法求待定点 P 的高程。

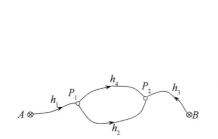

图 8-8　水准测量

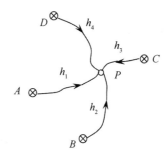

图 8-9　水准测量

（36）在测站 O 点测量了 4 个角度，如图 8-10 所示，观测值为：$L_1 = 135°25'20''$，$L_2 = 90°40'08''$，$L_3 = 133°54'42''$，$L_4 = 226°05'43''$。试按间接平差法列出其法方程。

（37）在如图 8-11 所示的测边网中，A、B 为已知点。已知数据和待定点的近似坐标如表 8-8 所示。同精度观测了 5 条边，观测值如表 8-9 所示，试按坐标平差法列出误差方程。

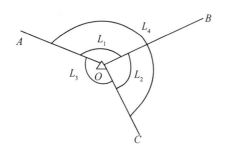

图 8-10　角度测量

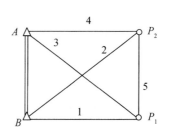

图 8-11　测边网

表 8-8　已知点坐标及待定点近似坐标

点号	坐标		点号	坐标	
	x（m）	y（m）		x（m）	y（m）
A	66 356.90	11 312.20	P_1	65 202.17	10 957.53
B	66 266.10	10 610.83	P_2	65 482.45	12 156.73

表 8-9　观测数据

边号	1	2	3	4	5
观测值（m）	1119.06	1733.15	1208.06	1215.69	1231.48

（38）在如图 8-12 所示的测角网中，已知数据与观测数据分别如表 8-10 和表 8-11 所示。现选待定点 P 的坐标平差值为未知数，P 点近似坐标 $X^0 = 56\ 574.20$m、$Y^0 = 18\ 788.28$m。试列出误差方程。

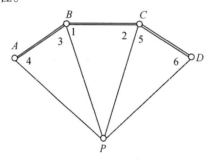

图 8-12　测角网

表 8-10　已知数据

点号	坐标		坐标方位角	边长（m）
	x（m）	y（m）	（° ′ ″）	
A	53 338.19	20 213.27	251　53　34.0	2554.57
B	52 544.24	17 785.21	334　17　53.3	5611.96
C	57 600.97	15 351.37	30　59　02.7	3323.41
D	60 450.16	17 062.26		

表 8-11　角度观测值

角号	观测值（° ′ ″）	角号	观测值（° ′ ″）	角号	观测值（° ′ ″）
1	39　40　35	3	57　54　51	5	75　38　59
2	47　40　03	4	84　20　33	6	54　59　21

（39）如图 8-13 所示，对一直角房屋进行数字化，其坐标观测值如表 8-12 所示，试按条件平差法求平差后各坐标的平差值。

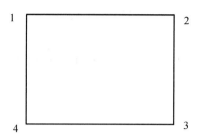

图 8-13　数字化房屋

表 8-12　坐标观测值

坐标点	x（m）	y（m）
1	5690.505	4817.293
2	2689.041	4824.941
3	5682.312	4823.210
4	5683.140	4815.730

（40）在平面控制网中插入 P_1 及 P_2 两个新点，设用间接平差法平差该网。新点坐标近似值的改正数为 $\hat{x}_1$、$\hat{y}_1$、$\hat{x}_2$、$\hat{y}_2$，其法方程为：

$$\begin{cases} 906.91\hat{x}_1 + 107.07\hat{y}_1 - 426.42\hat{x}_2 - 172.17\hat{y}_2 - 94.23 = 0 \\ 107.07\hat{x}_1 + 486.22\hat{y}_1 - 177.64\hat{x}_2 - 142.65\hat{y}_2 + 41.40 = 0 \\ -426.42\hat{x}_1 - 177.64\hat{y}_1 + 716.39\hat{x}_2 + 60.25\hat{y}_2 + 52.78 = 0 \\ -172.17\hat{x}_1 - 142.65\hat{y}_1 + 60.25\hat{x}_2 + 44.60\hat{y}_2 + 1.06 = 0 \end{cases}$$

经平差计算，得单位权中误差 $\hat{\sigma}_0 = 0.8$，试求 P_1、P_2 点的点位误差椭圆及 P_1、P_2 点间的相对误差椭圆。

◆ 计算题答案

（1）解：9 测回的真误差分别为 $+5''$、$-3''$、$-5''$、$+3''$、$-1''$、$0''$、$+5''$、$-5''$、$-6''$，则：

$$\hat{\sigma} = \sqrt{\dfrac{5^2 + (-3)^2 + (-5)^2 + 3^2 + (-1)^2 + 0^2 + 5^2 + (-5)^2 + (-6)^2}{9}} = 4.1''$$

中误差为 $\pm 4.1''$。

$$\Delta_{限} = 3\sigma = 3 \times 4.1'' = 12.3''$$

误差范围为（$-12.3''$，$12.3''$）。

（2）解：它们的真误差不相等，中误差相等，最大误差相等，精度不同。精度分别为 $\dfrac{1}{25\,000}$、$\dfrac{1}{50\,000}$。

（3）解：

$$\delta = 360° - \alpha - \beta - \gamma$$

由误差传播律得:

$$\delta_\delta^2 = \delta_\alpha^2 + \delta_\beta^2 + \delta_\gamma^2 = 3^2 + 4^2 + 5^2 = 50(")^2$$

$$\delta_\delta = 5\sqrt{2} = 7.1"$$

角 δ 的中误差为 $\pm 7.1"$。

根据题意:

$$F = \alpha + \beta + \gamma + \delta$$

由误差传播律得:

$$\delta_F^2 = \delta_\alpha^2 + \delta_\beta^2 + \delta_\gamma^2 + \delta_\delta^2 = 3^2 + 4^2 + 5^2 + 7.1^2 = 100(")^2$$

$$\delta_F = 10"$$

F 的中误差为 $\pm 10"$。

(4) 解: 量距的总长为:

$$S = L_1 + L_2 + \cdots + L_n$$

其中:

$$L_1 = L_2 = \cdots = L_n = L$$

$$\sigma_1 = \sigma_2 = \cdots = \sigma_n = \sigma$$

$$\varepsilon_1 = \varepsilon_2 = \cdots = \varepsilon_n = \varepsilon$$

由于 σ 是偶然误差,而 ε 是系统误差,由:

$$D_{ZZ} = \sigma_1^2 + \sigma_2^2 + \cdots + \sigma_n^2 + (\varepsilon_1 + \varepsilon_2 + \cdots + \varepsilon_n)^2$$

又因为 $n = \dfrac{S}{L}$, 所以:

$$\sigma_S^2 = \frac{S}{L}\sigma^2 + \frac{S^2}{L^2}\varepsilon^2$$

$$\sigma_S = \sqrt{\frac{S}{L}\sigma^2 + \frac{S^2}{L^2}\varepsilon^2}$$

(5) 解: 设该角度应观测 n 个测回, 取 n 个测回的平均值 $\overline{L}$ 作为最后的观测结果, 则:

$$\overline{L} = \frac{L_1 + L_2 + \cdots + L_n}{n}$$

由误差传播律得:

$$\sigma_{\overline{L}}^2 = \frac{\sigma_{L_1}^2 + \sigma_{L_2}^2 + \cdots + \sigma_{L_n}^2}{n^2}$$

由于是等精度观测, L_1、L_2、$\cdots$、L_n 的中误差相等, 则有:

$$\sigma_{\overline{L}}^2 \geq \frac{1}{n}\sigma^2, \sigma_{\overline{L}} \geq \sqrt{\frac{1}{n}\sigma^2}$$

代入数据, 得:

$$3" \geq 6"\sqrt{\frac{1}{n}} \quad n \geq 4$$

所以该角度至少观测 4 个测回。

（6）解：视线位置至塔顶高为 h，仪高 i，塔高为 H，则有：

$$H = i + S\tan\alpha = 57.1\text{m}$$

对上式全微分得：

$$\mathrm{d}H = \mathrm{d}i + \tan\alpha\mathrm{d}s + \frac{S\sec^2\alpha}{\rho''}\mathrm{d}\alpha$$

$$\sigma_H^2 = \begin{bmatrix} 1 & \tan\alpha & \dfrac{S\sec^2\alpha}{\rho''} \end{bmatrix} \begin{bmatrix} \sigma_i^2 & 0 & 0 \\ 0 & \sigma_S^2 & 0 \\ 0 & 0 & \sigma_\alpha^2 \end{bmatrix} \begin{bmatrix} 1 \\ \tan\alpha \\ \dfrac{S\sec^2\alpha}{\rho''} \end{bmatrix}$$

整理得：

$$\sigma_H^2 = \sigma_i^2 + \tan^2\alpha\sigma_S^2 + \left(\frac{S\sec^2\alpha}{\rho''}\right)^2\sigma_\alpha^2$$

$$\sigma_i = 2\text{mm}, \quad \sigma_S = 12\text{mm}, \quad \sigma_\alpha = 20''$$

得：

$$\sigma_H^2 = 15.1\text{mm}, \quad \sigma_H = 3.9\text{mm}$$

塔高为 57.1m，它的中误差为 ±3.9mm。

（7）解：

①对 $F = L_1 + 3L_2 - L_3$ 进行全微分得：

$$\mathrm{d}F = \mathrm{d}L_1 + 3\mathrm{d}L_2 - \mathrm{d}L_3$$

$$\sigma_F^2 = \begin{bmatrix} 1 & 3 & -1 \end{bmatrix} \begin{bmatrix} 6 & 2 & 1 \\ 2 & 4 & -1 \\ 1 & -1 & 2 \end{bmatrix} \begin{bmatrix} 1 \\ 3 \\ -1 \end{bmatrix} = 60$$

$$\sigma_F = 7.7$$

②对 $F = L_1 + 3L_3L_2$ 进行全微分得：

$$\mathrm{d}F = \mathrm{d}L_1 + 3L_3\mathrm{d}L_2 + 3L_2\mathrm{d}L_3$$

$$\sigma_F^2 = \begin{bmatrix} 1 & 3L_3 & 3L_2 \end{bmatrix} \begin{bmatrix} 6 & 2 & 1 \\ 2 & 4 & -1 \\ 1 & -1 & 2 \end{bmatrix} \begin{bmatrix} 1 \\ 3L_3 \\ 3L_2 \end{bmatrix}$$

$$\sigma_F^2 = 18L_2^2 + 36L_2L_3 + 6L_3 + 12L_3 + 6$$

（8）解：由题意得：

$$\hat{\sigma} = \sqrt{\frac{\sigma_{\omega_1}^2 + \sigma_{\omega_2}^2 + \sigma_{\omega_3}^2 + \cdots + \sigma_{\omega_{20}}^2}{20}} = 1.88''$$

三角形闭合差的中误差为 ±1.88″。

（9）解：由题意得：

$$\sigma_{\text{相对}} = \frac{0.01}{500} = \frac{1}{50\,000}$$

（10）解：由题意得：

$$S = S_1 \pm S_2$$

有：

$$\sigma_S^2 = \sigma_{S_1}^2 + \sigma_{S_2}^2 = 1025 \text{mm}^2$$

又：

$$\sigma_s = 32 \text{mm}$$
$$S_1 + S_2 = 1300 \text{m}$$
$$S_2 - S_1 = 300 \text{mm}$$

则 S_1 和 S_2 之和的相对中误差为：

$$\frac{0.032}{1300} = \frac{1}{40\ 625}$$

S_1 和 S_2 差的相对中误差为：

$$\frac{0.032}{300} = \frac{1}{9375}$$

所以和的精度高。

（11）解：设独立观测的 2 个内角分别为 α、β，第 3 个角为 γ，则：

$$\gamma = 180 - \alpha - \beta$$

由误差传播律得：

$$\sigma_\gamma^2 = \sigma_\alpha^2 + \sigma_\beta^2$$

所以有：

$$\sigma_\gamma = \sqrt{\sigma_\alpha^2 + \sigma_\beta^2} = 4.2''$$

第 3 个角的中误差为 $\pm 4.2''$。

（12）解：根据题意：

$$\alpha = \frac{\alpha_1 + \alpha_2 + \alpha_3 + \alpha_4}{4}$$

由中误差的传播律有：

$$\sigma_\alpha^2 = \frac{\sigma_{\alpha_1}^2 + \sigma_{\alpha_2}^2 + \sigma_{\alpha_3}^2 + \sigma_{\alpha_4}^2}{16} = 16 ('')^2$$

$$\sigma_\alpha = 4''$$

同理得：

$$\sigma_\beta^2 = \frac{\sigma_{\beta_1}^2 + \sigma_{\beta_2}^2 + \cdots + \sigma_{\beta_9}^2}{9} = 9 ('')^2$$

$$\sigma_\beta = 3''$$

因此，对 $F = \alpha - \beta$ 有：

$$\sigma_F^2 = \sigma_\alpha^2 + \sigma_\beta^2$$
$$\sigma_F = 5''$$

则 F 的中误差为 $\pm 5''$。

（13）解：设起点的高程为 $H_起$，终点的高程为 $H_终$，高差为 h，即：

$$H_终 = H_起 + h$$

则：

$$\sigma_{H_终}^2 = \sigma_{H_起}^2 + \sigma_h^2 = 2600 \text{mm}$$

$$\sigma_{H_终} = \sqrt{2600} = 51 \text{mm}$$

因此，全长 25km 的水准路线终点高程中误差为 ±51mm。

（14）解：设该路线最长可布设 S km，则最弱点应在附和路线的中点，其高程为：

$$h_中 = \frac{1}{2} \left[\left(H_A + h_{\frac{S}{2}} \right) + \left(H_B + h_{\frac{S}{2}} \right) \right]$$

由误差传播律得：

$$\sigma_中^2 = \frac{1}{4} \sigma_{\frac{S}{2}}^2 + \frac{1}{4} \sigma_{\frac{S}{2}}^2$$

因为每千米观测中误差为 5mm，则：

$$\sigma_{\frac{S}{2}}^2 = \frac{S}{2} \sigma_{km}^2 , \sigma_中^2 = \frac{S}{4} \sigma_{km}^2 , \sigma_中^2 = \frac{5}{2} \sqrt{S}$$

须使中点高程中误差不大于 10mm，需要满足：

$$\frac{5}{2} \sqrt{S} \leq 10 , S \leq 16 \text{km}$$

所以，最多可布设 16km。

（15）解：由题意得：

$$p_1 = \frac{c}{S_1} = \frac{4}{4} = 1 , p_2 = \frac{c}{S_2} = \frac{1}{9} , p_3 = \frac{c}{S_3} = \frac{4}{16} = \frac{1}{4}$$

又：

$$p_i = \frac{\sigma_0^2}{\sigma_i^2}$$

所以：

$$\sigma_1^2 = \frac{\sigma_0^2}{p_1} = \frac{3^2}{1} = 9 \text{mm}^2 , \sigma_2^2 = \frac{\sigma_0^2}{p_2} = \frac{4}{\frac{1}{9}} = 36 \text{mm}^2 , \sigma_3^2 = \frac{\sigma_0^2}{p_3} = \frac{4^2}{\frac{1}{4}} = 64 \text{mm}^2$$

设：

$$\sigma_0^2 = 1 \text{mm}^2$$

$$p_1' : p_2' : p_3' = \frac{1}{\sigma_1^2} : \frac{1}{\sigma_2^2} : \frac{1}{\sigma_3^2} = \frac{1}{9} : \frac{1}{36} : \frac{1}{64} = 2304 : 576 : 324$$

（16）解：分配前已知：

$$S = 40 \text{km}, \quad c = 10$$

设：

$$H_中 = H_A + h_A \quad \text{或} \quad H_中 = H_B + h_B$$

由误差传播律得：

$$\sigma^2_{H_{中}} = \sigma^2_{h_A} = \frac{S}{2}\sigma^2_{km} = 20\sigma^2_{km}$$

$$p_{中} = \frac{\sigma^2_{km}}{\sigma^2_{H_{中}}} = \frac{1}{20}$$

分配后有：

$$H_{中} = \frac{1}{2}\left[(H_A + h_A) + (H_B + h_B)\right]$$

$$\sigma^2_{H_{中}} = \frac{1}{4}\sigma^2_{h_A} + \frac{1}{4}\sigma^2_{h_B} = \frac{1}{4}\times 20\sigma^2_{km} + \frac{1}{4}\times 20\sigma^2_{km} = 10\sigma^2_{km}$$

$$p_{中} = \frac{\sigma^2_{km}}{\sigma^2_{H_{中}}} = \frac{1}{10}$$

说明闭合差分配后权增加了，即精度提高了。

（17）解：因为：

$$P_\alpha = P_\beta = P_\gamma = 1$$

并设：

$$\sigma_\alpha = \sigma_\beta = \sigma_\gamma = \sigma_0$$

所以：

$$\omega = \alpha + \beta + \gamma - 180$$
$$\sigma^2_\omega = 3\sigma^2_0$$
$$P_\omega = \frac{\sigma^2_0}{\sigma^2_\omega} = \frac{1}{3}$$

另根据闭合差平均分配有：

$$\hat{\alpha} = \alpha - \frac{1}{3}\omega = \frac{2}{3}\alpha - \frac{1}{3}\beta - \frac{1}{3}\gamma + 60$$

$$\sigma^2_{\hat{\alpha}} = \frac{4}{9}\sigma^2_\alpha + \frac{1}{9}\sigma^2_\beta + \frac{1}{9}\sigma^2_\gamma = \frac{2}{3}\sigma^2_0$$

$$P_{\hat{\alpha}} = \frac{\sigma^2_0}{\sigma^2_{\hat{\alpha}}} = 1.5$$

同理可得：

$$P_{\hat{\alpha}} = P_{\hat{\beta}} = P_{\hat{\gamma}} = 1.5$$

（18）解：设 P_1 为 1，由

$$P_1 : P_2 : P_3 = 1 : 2 : 3$$

有 $P_2 = 2$，$P_3 = 3$。又：

$$P_2 = \frac{\sigma^2_0}{\sigma^2_{L_2}}$$

所以：

$$\sigma^2_0 = P_2\sigma^2_{L_2} = 2\times 6^2 = 72('')^2$$
$$\sigma_0 = 6\sqrt{2}('')$$

$$\sigma_{L_1} = \sigma_0 \sqrt{P_1} = 6\sqrt{2}(\prime\prime)$$

$$\sigma_{L_2} = \sigma_0 \sqrt{P_2} = 6\sqrt{6}(\prime\prime)$$

L_1，L_2 的中误差分别为 $\pm 6\sqrt{2}\prime\prime$ 与 $\pm 6\sqrt{6}\prime\prime$。

（19）解：由误差传播律得：

$$\sigma_{L_1} = \frac{\sigma_1}{\sqrt{N_1}} = 3\prime\prime$$

$$\sigma_{L_2} = \frac{\sigma_2}{\sqrt{N_2}} = 4\prime\prime$$

因为：

$$L = L_1 + L_2$$

已知 $\sigma_0 = 10\prime\prime$，所以有：

$$p_L = \frac{\sigma_0^2}{\sigma_L^2} = 4$$

（20）解：设需测 n 个测回，则有：

$$\sigma_1^{(2)} = \sigma_2^{(2)} = \frac{\sigma_1}{\sqrt{2}} = \frac{5\sqrt{2}}{\sqrt{2}}, \quad \sigma_3^{(2)} = \frac{\sigma_3}{\sqrt{n}} = \frac{10}{\sqrt{n}}$$

要使第三个角的权和第一个角及第二个角的权相等，即中误差相等，则有：

$$\frac{5\sqrt{2}}{2} = \frac{10}{\sqrt{n}}, \quad n = 8$$

因此需要 8 个测回。

（21）解：根据：

$$Q_{ZZ} = K Q_{XX} K^T$$

有：

$$Q_{YY} = \begin{bmatrix} 1 & 1 \\ 2 & 1 \end{bmatrix} \begin{bmatrix} 2 & -1 \\ -1 & 2 \end{bmatrix} \begin{bmatrix} 1 & 2 \\ 1 & 1 \end{bmatrix} = \begin{bmatrix} 2 & 3 \\ 3 & 6 \end{bmatrix}$$

（22）解：

①L 的权阵为

$$P_L = Q_L^{-1} = \frac{1}{5} \begin{bmatrix} 2 & -1 \\ -1 & 3 \end{bmatrix} = \begin{bmatrix} 0.6 & 0.2 \\ 0.2 & 0.4 \end{bmatrix}$$

②L_1 的协因数为 2，L_2 的协因数为 3，故 L_1、L_2 的权分别为：

$$p_{L_1} = \frac{1}{Q_{L_1 L_1}} = \frac{1}{2}, \quad p_{L_2} = \frac{1}{Q_{L_2 L_2}} = \frac{1}{3}$$

（23）解：

$$L = \frac{L_1 + L_2 + L_3 + L_4 + L_5 + L_6}{6} = 546.5393 \text{m}$$

$$V_{L_1} = 4.3\text{mm}, V_{L_2} = -8.7\text{mm}, V_{L_3} = 19.3\text{mm}$$

$$V_{L_4} = -7\text{mm}, V_{L_5} = -11\text{mm}, V_{L_6} = 2.3\text{mm}$$

$$\sigma_0 = \sqrt{\frac{[pv v]}{n-1}} = \sqrt{\frac{631.34}{5}} = 11.2\text{mm}$$

$$\sigma_{\hat{L}} = \frac{\sigma_0}{\sqrt{6}} = 4.6\text{mm}$$

因此该距离的中误差为 ±4.6mm。

（24）解：

$$\hat{L} = \frac{P_1 L_1 + P_2 L_2 + P_3 L_3 + P_4 L_4}{P_1 + P_2 + P_3 + P_4} = 50°30'11.7''$$

$$V_{L_1} = -3.3, V_{L_2} = 1.7, V_{L_3} = -4.3, V_{L_4} = 3.7$$

$$\sigma_0 = \sqrt{\frac{[pv v]}{n-1}} = \sqrt{\frac{172.86}{3}} = 7.6''$$

$$\sigma_{\hat{L}} = \sigma_0 \sqrt{\frac{1}{[P]}} = 7.6\sqrt{\frac{1}{14}} = 2.0$$

因此该角度的中误差为 ±2.0″。

（25）解：

①令 $C = 1$，则 $P_{km} = 1$，各观测高差的权分别为：

$$P_1 = \frac{C}{S_1} = \frac{1}{5}, \quad P_2 = \frac{C}{S_2} = \frac{1}{5}, \quad P_3 = \frac{C}{S_3} = \frac{1}{10}, \quad P_4 = \frac{C}{S_4} = \frac{1}{10},$$

所以有：

$$\sigma_0 = \sqrt{\frac{[pdd]}{2n}} = \sqrt{\frac{20}{8}} = 1.6\text{mm}$$

当 $S = 1\text{km}$ 时，$P_{km} = \frac{C}{S} = 1$，则：

$$\sigma_{km} = \sigma_0 \sqrt{\frac{1}{P_{km}}} = 1.6\text{mm}$$

1km 观测高差的中误差为 ±1.6mm。

②全长 $S = 5 + 5 + 10 + 10 = 30\text{km}$ 时，$P = \frac{C}{S} = \frac{1}{30}$，则：

$$\sigma_{全长} = \sigma_0 \sqrt{\frac{1}{P}} = 8.8\text{mm}$$

全长单程观测高差的中误差为 ±8.8mm。

③由：

$$L = \frac{L_{往} + L_{返}}{2}$$

$$\sigma_L = \sqrt{\frac{\sigma_{L_{往}}^2 + \sigma_{L_{返}}^2}{4}} = \sqrt{\frac{8.8^2 + 8.8^2}{4}} = 6.2\text{mm}$$

全长观测高差平均值的中误差为 ±6.2mm。

（26）证明：假设 n 次不等精度观测 L_1、L_2、$\cdots$、L_n，得到的最或是值为 $\hat{X}$，则：

$$V_1 = \hat{X} - L_1$$

$$V^T P V = \begin{bmatrix} \hat{X} - L_1 & \hat{X} - L_2 & \hat{X} - L_3 \end{bmatrix}$$

$$\begin{bmatrix} P_1 & 0 & \cdots & 0 \\ 0 & P_2 & \cdots & 0 \\ \vdots & \vdots & \ddots & \vdots \\ 0 & 0 & \cdots & P_n \end{bmatrix} \begin{bmatrix} \hat{X} - L_1 \\ \hat{X} - L_2 \\ \vdots \\ \hat{X} - L_3 \end{bmatrix} = P_1 (\hat{X} - L_1)^2 + P_2 (\hat{X} - L_2)^2 + \cdots + P_n (\hat{X} - L_n)^2$$

为使 $V^T P V$ 最小，应使$\dfrac{\partial V^T P V}{\partial \hat{X}} = 0$，即：

$$2P_1 (\hat{X} - L_1) + 2P_2 (\hat{X} - L_2) + \cdots + 2P_n (\hat{X} - L_n) = 0$$

$$(P_1 + P_2 + \cdots + P_n) \hat{X} = P_1 L_1 + P_2 L_2 + \cdots + P_n L_n$$

$$X = \frac{P_1 L_1 + P_2 L_2 + \cdots + P_n L_n}{P_1 + P_2 + \cdots + P_n} = \frac{\sum P_i L_i}{\sum P_i}$$

表明$\hat{X}$是满足 $V^T P V$ 最小的最或是值。

（27）解：由题意得：

$$A = \begin{bmatrix} 0 & 1 & 0 & 0 & -1 & 0 & -1 & 0 \\ 0 & 0 & 0 & 1 & 0 & -1 & 1 & 0 \\ 0 & 0 & 0 & 0 & 1 & -1 & 0 & 1 \\ 1 & 0 & 0 & 1 & 0 & 0 & 0 & 1 \end{bmatrix}$$

$$A^T = \begin{bmatrix} 0 & 0 & 0 & 1 \\ 1 & 0 & 0 & 0 \\ 0 & 0 & 0 & 0 \\ 0 & 1 & 0 & 1 \\ -1 & 0 & 1 & 0 \\ 0 & -1 & -1 & 0 \\ -1 & 1 & 0 & 0 \\ 0 & 0 & 1 & 1 \end{bmatrix}$$

$$W = \begin{bmatrix} -2 & 4 & 4 & 0 \end{bmatrix}^T$$

又由：

$$c = 1, \quad p_i = \frac{c}{S_i}$$

可知：

$$P^{-1} = \begin{bmatrix} 1 & 0 & 0 & 0 & 0 & 0 & 0 & 0 \\ 0 & 2 & 0 & 0 & 0 & 0 & 0 & 0 \\ 0 & 0 & 2 & 0 & 0 & 0 & 0 & 0 \\ 0 & 0 & 0 & 1 & 0 & 0 & 0 & 0 \\ 0 & 0 & 0 & 0 & 2 & 0 & 0 & 0 \\ 0 & 0 & 0 & 0 & 0 & 2 & 0 & 0 \\ 0 & 0 & 0 & 0 & 0 & 0 & 2.5 & 0 \\ 0 & 0 & 0 & 0 & 0 & 0 & 0 & 2.5 \end{bmatrix}$$

则：

$$N_{aa} = AP^{-1}A^T = \begin{bmatrix} 0 & 1 & 0 & 0 & -1 & 0 & -1 & 0 \\ 0 & 0 & 0 & 1 & 0 & -1 & 1 & 0 \\ 0 & 0 & 0 & 0 & 1 & -1 & 0 & 1 \\ 1 & 0 & 0 & 1 & 0 & 0 & 0 & 1 \end{bmatrix} \begin{bmatrix} 1 & 0 & 0 & 0 & 0 & 0 & 0 & 0 \\ 0 & 2 & 0 & 0 & 0 & 0 & 0 & 0 \\ 0 & 0 & 2 & 0 & 0 & 0 & 0 & 0 \\ 0 & 0 & 0 & 1 & 0 & 0 & 0 & 0 \\ 0 & 0 & 0 & 0 & 2 & 0 & 0 & 0 \\ 0 & 0 & 0 & 0 & 0 & 2 & 0 & 0 \\ 0 & 0 & 0 & 0 & 0 & 0 & 2.5 & 0 \\ 0 & 0 & 0 & 0 & 0 & 0 & 0 & 2.5 \end{bmatrix} \begin{bmatrix} 0 & 0 & 0 & 1 \\ 1 & 0 & 0 & 0 \\ 0 & 0 & 0 & 0 \\ 0 & 1 & 0 & 1 \\ -1 & 0 & 1 & 0 \\ 0 & -1 & -1 & 0 \\ -1 & 1 & 0 & 0 \\ 0 & 0 & 1 & 1 \end{bmatrix}$$

$$= \begin{bmatrix} 6.5 & -2.5 & -2 & 0 \\ -2.5 & 5.5 & 2 & 1 \\ -2 & 2 & 6.5 & 2.5 \\ 0 & 1 & 2.5 & 4.5 \end{bmatrix}$$

所以法方程为：

$$\begin{bmatrix} 6.5 & -2.5 & -2 & 0 \\ -2.5 & 5.5 & 2 & 1 \\ -2 & 2 & 6.5 & 2.5 \\ 0 & 1 & 2.5 & 4.5 \end{bmatrix} K + \begin{bmatrix} -2 \\ 4 \\ 4 \\ 0 \end{bmatrix} = 0$$

（28）解：由题意得 $n=8$，$t=4$，$r=n-t=4$，则：

$$\begin{cases} \hat{h}_1 - \hat{h}_2 - \hat{h}_5 = 0 \\ \hat{h}_3 - \hat{h}_4 - \hat{h}_5 = 0 \\ \hat{h}_1 + \hat{h}_7 + \hat{h}_8 + H_A - H_C = 0 \\ \hat{h}_2 + \hat{h}_6 + \hat{h}_8 + H_A - H_B = 0 \end{cases}$$

由于：

$$\hat{h}_i = h_i + v_i$$

则：

$$\begin{cases} (h_1 + v_1) - (h_2 + v_2) - (h_5 + v_5) = 0 \\ (h_3 + v_3) - (h_4 + v_4) - (h_5 + v_5) = 0 \\ (h_1 + v_1) + (h_7 + v_7) + (h_8 + v_8) + H_A - H_C = 0 \\ (h_2 + v_2) - (h_6 + v_6) + (h_8 + v_8) - H_A - H_B = 0 \end{cases}$$

所以有：

$$\begin{cases} v_1 - v_2 - v_5 + 8 = 0 \\ v_3 - v_4 - v_5 + 20 = 0 \\ v_1 + v_7 - v_8 + 9 = 0 \\ v_2 - v_6 + v_5 - 3 = 0 \end{cases}$$

式中：闭合差的单位为毫米（mm），则：

$$A = \begin{bmatrix} 1 & -1 & 0 & 0 & -1 & 0 & 0 & 0 \\ 0 & 0 & 1 & -1 & -1 & 0 & 0 & 0 \\ 1 & 0 & 0 & 0 & 0 & 0 & 1 & 1 \\ 0 & 1 & 0 & 0 & 0 & -1 & 0 & 1 \end{bmatrix}$$

设 $c = 2$，$p_i = \dfrac{2}{S_i}$，有：

$$P^{-1} = \begin{bmatrix} 1 & 0 & 0 & 0 & 0 & 0 & 0 & 0 \\ 0 & 1 & 0 & 0 & 0 & 0 & 0 & 0 \\ 0 & 0 & 1 & 0 & 0 & 0 & 0 & 0 \\ 0 & 0 & 0 & 1 & 0 & 0 & 0 & 0 \\ 0 & 0 & 0 & 0 & 2 & 0 & 0 & 0 \\ 0 & 0 & 0 & 0 & 0 & 2 & 0 & 0 \\ 0 & 0 & 0 & 0 & 0 & 0 & 2 & 0 \\ 0 & 0 & 0 & 0 & 0 & 0 & 0 & 2 \end{bmatrix}$$

$$AP^{-1}A^T = \begin{bmatrix} 4 & 2 & 1 & -1 \\ 2 & 4 & 0 & 0 \\ 1 & 0 & 5 & 2 \\ -1 & 0 & 2 & 5 \end{bmatrix}$$

则法方程为：

$$\begin{bmatrix} 4 & 2 & 1 & -1 \\ 2 & 4 & 0 & 0 \\ 1 & 0 & 5 & 2 \\ -1 & 0 & 2 & 5 \end{bmatrix} K + \begin{bmatrix} 8 \\ 20 \\ 9 \\ -3 \end{bmatrix} = 0$$

（29）解：由题意知，$n = 3$，$t = 2$，$r = 1$，得到平差值条件方程为：
$$\hat{L}_1 - \hat{L}_2 + \hat{L}_3 = 0$$

所以有：
$$v_1 - v_2 + v_3 - 3 = 0$$

式中闭合差的单位为秒（″）。则：
$$A = \begin{bmatrix} 1 & -1 & 1 \end{bmatrix}$$

在同精度观测下，所以有：
$$P^{-1} = \begin{bmatrix} 1 & 0 & 0 \\ 0 & 1 & 0 \\ 0 & 0 & 1 \end{bmatrix}$$

则：
$$N_{aa} = AP^{-1}A^T = \begin{bmatrix} 1 & -1 & 1 \end{bmatrix} \begin{bmatrix} 1 & 0 & 0 \\ 0 & 1 & 0 \\ 0 & 0 & 1 \end{bmatrix} \begin{bmatrix} 1 \\ -1 \\ 1 \end{bmatrix} = 3$$

由 $N_{aa}K + W = 0$，有：
$$K = -N_{aa}^{-1}W = -\frac{1}{3} \times (-3) = 1$$

则：

$$V = P^{-1}A^TK = \begin{bmatrix} 1 \\ -1 \\ 1 \end{bmatrix}$$

可得：

$$\begin{cases} \hat{L}_1 = L_1 + v_1 = 35°20'16'' \\ \hat{L}_2 = L_2 + v_2 = 65°19'27'' \\ \hat{L}_3 = L_3 + v_3 = 29°59'11'' \end{cases}$$

因为 $\angle AOB = \hat{L}_2 - \hat{L}_3$，有：

$$F = \begin{bmatrix} 0 \\ 1 \\ -1 \end{bmatrix}$$

$$AP^{-1}F = \begin{bmatrix} 1 & -1 & 1 \end{bmatrix} \begin{bmatrix} 1 & 0 & 0 \\ 0 & 1 & 0 \\ 0 & 0 & 1 \end{bmatrix} \begin{bmatrix} 0 \\ 1 \\ -1 \end{bmatrix} = -2$$

由 $N_{aa}q + AP^{-1}F = 0$，得

$$q = \frac{2}{3}$$

所以：

$$\frac{1}{p_{\hat{\Phi}}} = F^TP^{-1}F - (AP^{-1}F)^TN^{-1}(AP^{-1}F) = \frac{2}{3}$$

（30）解：即令1km观测高差为单位权观测值。

①单位权中误差（每1km观测高差的中误差）为：

$$\hat{\sigma}_0 = \hat{\sigma}_{km} = \sqrt{\frac{\sum_{i=1}^{6} p_i d_i d_i}{2n}} = \sqrt{\frac{112.5}{12}} = 3.1 \text{mm}$$

②第二段观测高差的中误差为：

$$\hat{\sigma}_2 = \hat{\sigma}_{km} = \sqrt{\frac{1}{p_2}} = 3.1 \sqrt{3.2} = 5.5 \text{mm}$$

③第二段高差平均值的中误差为：

$$\hat{\sigma}_{L_2} = \frac{\hat{\sigma}_2}{\sqrt{2}} = 3.9 \text{mm}$$

④全长一次观测高差的中误差为：

$$\hat{\sigma}_{全} = \hat{\sigma}_{km} \sqrt{\sum_{i=1}^{6} S_i} = 3.1 \sqrt{17.0} = 12.8 \text{mm}$$

全长高差平均值的中误差为：

$$\hat{\sigma}_{L_全} = \frac{\hat{\sigma}_{全}}{\sqrt{2}} = \frac{12.8}{\sqrt{2}} = 9.0 \text{mm}$$

（31）证明：在条件平差中：

$$V = QA^T K = -QA^T N_{aa}^{-1}(AL + A_0)$$
$$= -QA^T N_{aa}^{-1}AL - QA^T N_{aa}^{-1}A_0$$
$$\hat{L} = L + v = L - QA^T N_{aa}^{-1}AL - QA^T N_{aa}^{-1}A_0$$
$$= (I - QA^T N_{aa}^{-1}A)L - QA^T N_{aa}^{-1}A_0$$
$$Q_{V\hat{L}} = (-QA^T N_{aa}^{-1}A)Q(I - QA^T N_{aa}^{-1}A)^T$$
$$= -QA^T N_{aa}^{-1}AQ + QA^T N_{aa}^{-1}AQA^T N_{aa}^{-1}AQ$$
$$= -P^{-1}A^T N_{aa}^{-1}AQ + P^{-1}A^T N_{aa}^{-1}AQ$$
$$= 0$$

由此可知，在条件平差中观测测量平差值和其改正数是不相关的。

（32）解：

①根据题意可知，$n = 8$，$t = 2$。设 $\hat{A} = 2.00 + \hat{a}$，$\hat{B} = 1.00 + \hat{b}$，可列误差方程为：

$$v_i = \hat{a}X_i + \hat{b} - (Y_i - 2X_i - 1)$$

代入每对观测值，得：

$$\begin{cases} v_1 = \hat{a} + \hat{b} - 1.78 \\ v_2 = 2\hat{a} + \hat{b} - 2.73 \\ v_3 = 3\hat{a} + \hat{b} - 1.38 \\ v_4 = 4\hat{a} + \hat{b} - 1.12 \\ v_5 = 5\hat{a} + \hat{b} - 1.05 \\ v_6 = 6\hat{a} + \hat{b} - 0.90 \\ v_7 = 7\hat{a} + \hat{b} - 0.78 \\ v_8 = 8\hat{a} + \hat{b} - 0.58 \end{cases}$$

组成法方程为：

$$\begin{bmatrix} 204 & 36 \\ 36 & 8 \end{bmatrix} \begin{bmatrix} \hat{a} \\ \hat{b} \end{bmatrix} - \begin{bmatrix} 36.61 \\ 10.32 \end{bmatrix} = 0$$

可得：

$$\begin{bmatrix} \hat{a} \\ \hat{b} \end{bmatrix} = \begin{bmatrix} 204 & 36 \\ 36 & 8 \end{bmatrix}^{-1} \begin{bmatrix} 36.61 \\ 10.32 \end{bmatrix} = \begin{bmatrix} 0.0238 & -0.1071 \\ -0.1071 & 0.6071 \end{bmatrix} \begin{bmatrix} 36.61 \\ 10.32 \end{bmatrix} = \begin{bmatrix} -0.234 \\ 2.343 \end{bmatrix}$$

$$\begin{bmatrix} \hat{A} \\ \hat{B} \end{bmatrix} = \begin{bmatrix} 1.766 \\ 3.434 \end{bmatrix}$$

则直线方程为：

$$Y = 1.766X + 3.434$$

②观测值改正数

$$V = \begin{bmatrix} 0.329 & -0.855 & 0.261 & 0.287 & 0.123 & 0.039 & -0.075 & -0.109 \end{bmatrix}^T$$

$$\hat{\sigma}_0 = \sqrt{\frac{V^T V}{n - t}} = \sqrt{\frac{1.0239}{6}} = 0.413$$

$$\sigma_{\hat{A}} = \hat{\sigma}_0 \sqrt{Q_{\hat{A}\hat{A}}} = 0.413 \times \sqrt{0.0238} = 0.06$$

$$\sigma_{\hat{B}} = \hat{\sigma}_0 \sqrt{Q_{\hat{B}\hat{B}}} = 0.413 \times \sqrt{0.6071} = 0.32$$

则 A、B 的中误差分别为 ± 0.06 和 ± 0.32。

（33）解：本题中，$n = 7$，$t = 3$，$r = 4$，可列出平差值条件方程为：

$$\begin{cases} \hat{h}_1 - \hat{h}_2 + \hat{h}_5 = 0 \\ \hat{h}_5 + \hat{h}_6 - \hat{h}_7 = 0 \\ \hat{h}_3 - \hat{h}_4 - \hat{h}_6 = 0 \\ \hat{h}_1 + H_A - H_B = 0 \end{cases}$$

代入观测数据，得改正数条件方程：

$$\begin{cases} v_1 - v_2 + v_5 + 7 = 0 \\ v_5 + v_6 - v_7 + 7 = 0 \\ v_3 - v_4 - v_6 + 3 = 0 \\ v_1 - 4 = 0 \end{cases}$$

式中：闭合差的单位为毫米（mm）。则：

$$A = \begin{bmatrix} 1 & -1 & 0 & 0 & 1 & 0 & 0 \\ 0 & 0 & 0 & 0 & 1 & 1 & -1 \\ 0 & 0 & 1 & -1 & 0 & -1 & 0 \\ 1 & 0 & 0 & 0 & 0 & 0 & 0 \end{bmatrix}, \quad W = \begin{bmatrix} 7 \\ 7 \\ 3 \\ -4 \end{bmatrix}$$

令 $c = 1$，$p_i^{-1} = \dfrac{S_i}{c}$，得：

$$P^{-1} = \begin{bmatrix} 1 & 0 & 0 & 0 & 0 & 0 & 0 \\ 0 & 1 & 0 & 0 & 0 & 0 & 0 \\ 0 & 0 & 2 & 0 & 0 & 0 & 0 \\ 0 & 0 & 0 & 2 & 0 & 0 & 0 \\ 0 & 0 & 0 & 0 & 1 & 0 & 0 \\ 0 & 0 & 0 & 0 & 0 & 1 & 0 \\ 0 & 0 & 0 & 0 & 0 & 0 & 2 \end{bmatrix}$$

则法方程系数为：

$$N_{aa} = AP^{-1}A^T = \begin{bmatrix} 3 & 1 & 0 & 1 \\ 1 & 4 & -1 & 0 \\ 0 & -1 & 5 & 0 \\ 1 & 0 & 0 & 1 \end{bmatrix}$$

又有：

$$N_{aa}^{-1} = \begin{bmatrix} 0.5758 & -0.1515 & -0.0303 & -0.5758 \\ -0.1515 & 0.3030 & 0.0606 & 0.1515 \\ -0.0303 & 0.0606 & 0.2121 & 0.0303 \\ -0.5758 & 0.1515 & 0.0303 & 1.5758 \end{bmatrix}$$

$$K = -N_{aa}^{-1}W = \begin{bmatrix} -5.2 \\ -0.6 \\ -0.7 \\ 9.2 \end{bmatrix}$$

则：

$$V = P^{-1}A^T K = \begin{bmatrix} 4 \\ 5.2 \\ -1.4 \\ 1.4 \\ -5.8 \\ 0.1 \\ 1.3 \end{bmatrix} mm$$

$$\hat{h} = h + V = \begin{bmatrix} 10.3600 \\ 15.0052 \\ 20.3586 \\ 14.5024 \\ 4.6452 \\ 5.8561 \\ 10.2013 \end{bmatrix} m$$

根据题意，此时：$\hat{\Phi} = F^T \hat{h} = h_4$，即：

$$F_4 = 1,\ F_1 = F_2 = F_3 = F_5 = F_6 = F_7 = 0$$
$$AP^{-1}F = \begin{bmatrix} 0 & 0 & -2 & 0 \end{bmatrix}^T$$

由：

$$NQ + AP^{-1}F = 0$$

得：

$$q = \begin{bmatrix} -0.0606 & 0.1212 & 0.4242 & 0.0606 \end{bmatrix}^T$$

$$\frac{1}{P^F} = F^T P^{-1} F + (AP^{-1}F)^T q = 1.1515$$

$$\hat{\sigma}_0 = \sqrt{\frac{[pvv]}{n-t}} = \sqrt{\frac{79.6364}{4}} = 4.5 mm$$

$$\hat{\sigma}_F = \hat{\sigma}_0 \sqrt{\frac{1}{P_F}} = 4.8 mm$$

或直接利用平差值函数的协因数传播律公式，得：

$$Q_{\hat{h}_4\hat{h}_4} = Q_{\hat{\Phi}\hat{\Phi}} = F^T P^{-1} F - (AP^{-1}F)^T N^{-1}(AP^{-1}F) = 4.8 mm$$

平差后的 C 点与 D 点间高差的中误差为 ±4.8mm。

（34）解：

①假定 P_1、P_2 的平差高程为 11.008 和 12.526，由已知得：

$$\begin{cases} \hat{X}_1 = (H_A + h_1) + \hat{x}_1 = \hat{x}_1 + 11.008 \\ \hat{X}_2 = (H_B + h_3) + \hat{x}_2 = \hat{x}_2 + 12.526 \end{cases}$$

得误差方程为：

$$\begin{cases} v_1 = \hat{x}_1 \\ v_2 = -\hat{x}_1 + \hat{x}_2 - (H_A - H_B + h_1 + h_2 + h_3) \\ v_3 = \hat{x}_2 \\ v_4 = -\hat{x}_1 + \hat{x}_2 - (H_A - H_B + h_1 + h_2 + h_4) \end{cases}$$

代入数据得：

$$\begin{cases} v_1 = \hat{x}_1 \\ v_2 = -\hat{x}_1 + \hat{x}_2 \\ v_3 = \hat{x}_2 \\ v_4 = -\hat{x}_1 + \hat{x}_2 - 4 \end{cases}$$

即：

$$V = B\hat{x} - l = \begin{bmatrix} 1 & 0 \\ -1 & 1 \\ 0 & 1 \\ -1 & 1 \end{bmatrix} \begin{bmatrix} \hat{x}_1 \\ \hat{x}_2 \end{bmatrix} - \begin{bmatrix} 0 \\ 0 \\ 0 \\ 4 \end{bmatrix}$$

式中，l 的单位为毫米（mm）。

设 $c = 6$，由 $p_i = \dfrac{c}{S_i}$ 得：

$$P = \begin{bmatrix} 3 & 0 & 0 & 0 \\ 0 & 6 & 0 & 0 \\ 0 & 0 & 3 & 0 \\ 0 & 0 & 0 & 4 \end{bmatrix}$$

因此有：

$$N_{bb} = B^T P B = \begin{bmatrix} 13 & -10 \\ -10 & 13 \end{bmatrix}$$

$$W = B^T P l = \begin{bmatrix} -16 \\ 16 \end{bmatrix}$$

$$\hat{x} = N_{bb}^{-1} W = \begin{bmatrix} -0.7 \\ 0.7 \end{bmatrix} \text{mm}$$

$$\hat{x}_1 = 11.008\text{mm}, \hat{x}_2 = 12.526\text{mm}$$

则：

$$V = \begin{bmatrix} -0.7 & 1.4 & 0.7 & -2.6 \end{bmatrix}^T$$

$$\hat{\sigma}_0 = \sqrt{\frac{V^T P V}{n - t}} = \sqrt{\frac{41.74}{4 - 2}} = 4.6\text{mm}$$

未知数的协因数阵为：

$$Q_{\hat{x}\hat{x}} = N_{bb}^{-1} = \begin{bmatrix} 0.1884 & 0.1449 \\ 0.1449 & 0.1884 \end{bmatrix}$$

待定点 P_1、P_2 高程平差值的中误差为：

$$\hat{\sigma}H_{P_1} = \hat{\sigma}_{\hat{x}_1} = \hat{\sigma} \sqrt{Q_{\hat{x}_1\hat{x}_1}} = 2.0\,\text{mm}$$

$$\hat{\sigma}H_{P_2} = \hat{\sigma}_{\hat{x}_2} = \hat{\sigma} \sqrt{Q_{\hat{x}_2\hat{x}_2}} = 2.0\,\text{mm}$$

②$\hat{h}_{P_1P_2} = \hat{X}_2 - \hat{X}_1 = 1.518\,\text{m}$，又由：

$$\hat{H}_{P_1P_2} = \begin{bmatrix} -1 & 1 \end{bmatrix} \begin{bmatrix} \hat{x}_1 \\ \hat{x}_2 \end{bmatrix} = F\hat{x}$$

可得 $F = \begin{bmatrix} -1 & 1 \end{bmatrix}$。

$$Q_{\hat{h}_{P_1P_2}} = FQ_{\hat{x}\hat{x}}F^T = 0.086$$

$$\sigma_{\hat{h}_{P_1P_2}} = \sigma_0 \sqrt{Q_{\hat{h}_{PP}}} = 1.3\,\text{mm}$$

（35）解：设待定点 P 的高程为：

$$\hat{x}_1 = x_1^0 + \hat{x}_1 = (H_A + h_1) + \hat{x}_1 = \hat{x}_1 + 7.000$$

由图 8-9 得误差方程为：

$$\begin{cases} v_1 = \hat{x}_1 - (H_A + h_1 - X_1^0) \\ v_2 = \hat{x}_1 - (H_B + h_2 - X_1^0) \\ v_3 = \hat{x}_1 - (H_C + h_3 - X_1^0) \\ v_4 = \hat{x}_1 - (H_D + h_4 - X_1^0) \end{cases}$$

代入观测数据，得误差方程：

$$V = B\hat{x} - l = \begin{bmatrix} 1 \\ 1 \\ 1 \\ 1 \end{bmatrix} \hat{x}_1 - \begin{bmatrix} 0 \\ 2 \\ -2 \\ 3 \end{bmatrix}$$

式中，l 的单位为毫米（mm）。

设 $c = 2$，$p_i = \dfrac{c}{S_i} = \dfrac{2}{S_i}$，得：

$$P = \begin{bmatrix} 2 & 0 & 0 & 0 \\ 0 & 1 & 0 & 0 \\ 0 & 0 & 1 & 0 \\ 0 & 0 & 0 & 2 \end{bmatrix}$$

$$W = B^TPl = \begin{bmatrix} 1 & 1 & 1 & 1 \end{bmatrix} \begin{bmatrix} 2 & 0 & 0 & 0 \\ 0 & 1 & 0 & 0 \\ 0 & 0 & 1 & 0 \\ 0 & 0 & 0 & 2 \end{bmatrix} \begin{bmatrix} 0 \\ 2 \\ -2 \\ 3 \end{bmatrix} = 6$$

$$\hat{x}_1 = N^{-1}W = 1\,\text{mm}$$

所以有 $v_1 = 1\,\text{mm}$，$v_2 = -1\,\text{mm}$，$v_3 = 3\,\text{mm}$，$v_4 = -2\,\text{mm}$，$H_p = 7.001\,\text{m}$。

另外，本题也可以按加权平均值法计算待定高程，即：

$$H_P = \frac{\left[p_i H_P^{(i)}\right]}{\left[p_i\right]}$$

$$= \frac{p_1 H_P^{(A)} + p_2 H_P^{(B)} + p_3 H_P^{(C)} + p_4 H_P^{(D)}}{p_1 + p_2 + p_3 + p_4}$$

$$= \frac{2 \times 7.000 + 1 \times 7.002 + 1 \times 6.998 + 2 \times 7.003}{2 + 1 + 1 + 2}$$

$$= 7.001\,\mathrm{m}$$

（36）解法一：按角度平差。

由题意知 $n = 4$，$t = 2$，令：

$$\begin{cases} \angle AOB = \hat{X}_1 = 135°25'20'' + \hat{x}_1 \\ \angle BOC = \hat{X}_2 = 90°40'08'' + \hat{x}_2 \end{cases}$$

则可列出误差方程为：

$$\begin{cases} v_1 = \hat{x}_1 \\ v_2 = \hat{x}_2 \\ v_3 = 360 - (L_1 + \hat{x}_1) - (L_2 + \hat{x}_2) - L_3 \\ \quad = -x_1 - x_2 - [L_3 - (360 - L_1 - L_2)] \\ \quad = -x_1 - x_2 - 10 \\ v_4 = (L_1 + \hat{x}_1) + (L_2 + \hat{x}_2) - L_4 \\ \quad = \hat{x}_1 + \hat{x}_2 - (L_4 - L_1 - L_2) \\ \quad = \hat{x}_1 + \hat{x}_2 - 15 \end{cases}$$

误差方程用矩阵表示为 $V = B\hat{x} - l$，其中 l 的单位为角秒（″）。

由 $P = I$，可得：

$$N_{bb} = B^T P B = \begin{bmatrix} 1 & 0 & -1 & 1 \\ 0 & 1 & -1 & 1 \end{bmatrix} \begin{bmatrix} 1 & 0 \\ 0 & 1 \\ -1 & -1 \\ 1 & 1 \end{bmatrix} = \begin{bmatrix} 3 & 2 \\ 2 & 3 \end{bmatrix}$$

$$W = B^T P l = \begin{bmatrix} 1 & 0 & -1 & 1 \\ 0 & 1 & -1 & 1 \end{bmatrix} \begin{bmatrix} 0 \\ 0 \\ 10 \\ 15 \end{bmatrix} = \begin{bmatrix} 5 \\ 5 \end{bmatrix}$$

则法方程为：

$$\begin{bmatrix} 3 & 2 \\ 2 & 3 \end{bmatrix} \begin{bmatrix} \hat{x}_1 \\ \hat{x}_2 \end{bmatrix} = \begin{bmatrix} 5 \\ 5 \end{bmatrix}$$

$$\begin{bmatrix} \hat{x}_1 \\ \hat{x}_2 \end{bmatrix} = N_{bb}^{-1} W = \begin{bmatrix} 1 \\ 1 \end{bmatrix} (″)$$

$$V = \begin{bmatrix} 1 & 1 & -12 & -13 \end{bmatrix}^T (″)$$

解法二：按方向平差。

由题意得 $n=4$，$t=3$，令

$$\begin{cases} a_{OA} = \hat{X}_1 = X_1^0 + \hat{x}_1 = \hat{x}_1 + 0°00'00'' \\ a_{OB} = \hat{X}_2 = X_2^0 + \hat{x}_2 = \hat{x}_2 + 135°25'20'' \\ a_{OC} = \hat{X}_3 = X_3^0 + \hat{x}_3 = \hat{x}_3 + 226°05'28'' \end{cases}$$

则得误差方程为：

$$\begin{cases} v_1 = (a_{OB} - a_{OA}) - L_1 = -\hat{x}_1 + \hat{x}_2 \\ v_2 = (a_{OC} - a_{OB}) - L_2 = -\hat{x}_2 + \hat{x}_3 \\ v_3 = (a_{OA} + 360 - a_{OC}) - L_3 = \hat{x}_1 - \hat{x}_3 - 10 \\ v_4 = (a_{OC} - a_{OA}) - L_4 = -\hat{x}_1 + \hat{x}_3 - 15 \end{cases}$$

则误差方程用矩形阵表示为 $V = B\hat{x} - l$，其中 l 的单位为角秒（"）。

由 $P = I$，可得：

$$N_{bb} = B^T P B = \begin{bmatrix} -1 & 0 & 1 & -1 \\ 1 & -1 & 0 & 0 \\ 0 & 1 & -1 & 1 \end{bmatrix} \begin{bmatrix} -1 & 1 & 0 \\ 0 & -1 & 1 \\ 1 & 0 & -1 \\ -1 & 0 & 1 \end{bmatrix} = \begin{bmatrix} 3 & -1 & -2 \\ -1 & 2 & -1 \\ -2 & -1 & 3 \end{bmatrix}$$

$$W = B^T P l = \begin{bmatrix} -5 \\ 0 \\ 5 \end{bmatrix}$$

则：

$$\hat{x} = \begin{bmatrix} \hat{x}_1 \\ \hat{x}_2 \\ \hat{x}_3 \end{bmatrix} = N_{bb}^{-1} W = \begin{bmatrix} 0 \\ 0 \\ 2 \end{bmatrix}$$

则：

$$V = \begin{bmatrix} 1 & 1 & -12 & -13 \end{bmatrix}^T ('')$$

（37）解：由题意知 $n = 5$，$t = 4$，设 P_1、P_2 的坐标分别为 $(\hat{X}_{P_1}, \hat{Y}_{P_1})(\hat{X}_{P_2}, \hat{Y}_{P_2})$，

取：

$$\begin{cases} \hat{X}_{P_1} = X_{P_1}^0 + \hat{x}_{P_1} = 65\,202.17 + \hat{x}_{P_1} \\ \hat{Y}_{P_1} = Y_{P_1}^0 + \hat{y}_{P_1} = 10\,957.53 + \hat{y}_{P_1} \\ \hat{X}_{P_2} = X_{P_2}^0 + \hat{x}_{P_2} = 65\,482.45 + \hat{x}_{P_2} \\ \hat{Y}_{P_2} = Y_{P_2}^0 + \hat{y}_{P_2} = 12\,156.73 + \hat{y}_{P_2} \end{cases}$$

$$S_{P_1 P_2}^0 = \sqrt{(X_{P_2}^0 - X_{P_1}^0)^2 + (Y_{P_2}^0 - Y_{P_1}^0)^2} = 1231.518\text{m}$$

A、B 为已知点，P_1、P_2 为待定点，可得各观测边长的误差方程为：

$$\left\{\begin{array}{l} v_{s_1} = \dfrac{\Delta X^0_{BP_1}}{S^0_{BP_1}}\hat{x}_{P_1} + \dfrac{\Delta Y^0_{BP_1}}{S^0_{BP_1}}\hat{y}_{P_1} - (S_1 - S^0_{BP_1}) \\[2mm] \qquad = \dfrac{-1063.93}{1118.994}\hat{x}_{P_1} + \dfrac{346.7}{1118.994}\hat{y}_{P_1} - (1119.06 - 1118.994) \\[2mm] \qquad = -0.952\hat{x}_{P_1} + 0.310\hat{y}_{P_1} - 0.06 \\[3mm] v_{s_2} = \dfrac{\Delta X^0_{BP_2}}{S^0_{AP_2}}\hat{x}_{P_2} + \dfrac{\Delta Y^0_{BP_2}}{S^0_{BP_2}}\hat{y}_{P_2} - (S_2 - S^0_{BP_2}) \\[2mm] \qquad = \dfrac{-783.65}{1733.18}\hat{x}_{P_2} + \dfrac{1545.9}{1733.18}\hat{y}_{P_2} - (1733.15 - 1733.18) \\[2mm] \qquad = -0.425\hat{x}_{P_2} + 0.892\hat{y}_{P_2} - (-0.030) \\[3mm] v_{s_3} = \dfrac{\Delta X^0_{AP_1}}{S^0_{AP_1}}\hat{x}_{P_1} + \dfrac{\Delta Y^0_{AP_1}}{S^0_{AP_1}}\hat{y}_{P_1} - (S_3 - S^0_{AP_1}) \\[2mm] \qquad = \dfrac{-1154.73}{1207.97}\hat{x}_{P_1} + \dfrac{-354.67}{1207.97}\hat{y}_{P_1} - (1208.06 - 1207.970) \\[2mm] \qquad = -0.956\hat{x}_{P_1} - 0.294\hat{y}_{P_1} - 0.090 \\[3mm] v_{s_4} = \dfrac{\Delta X^0_{AP_2}}{S^0_{AP_2}}\hat{x}_{P_2} + \dfrac{\Delta Y^0_{AP_2}}{S^0_{AP_2}}\hat{y}_{P_2} - (S_4 - S^0_{AP_2}) \\[2mm] \qquad = \dfrac{-874.45}{1215.687}\hat{x}_{P_2} + \dfrac{884.53}{1215.687}\hat{y}_{P_2} - (1215.69 - 1215.687) \\[2mm] \qquad = -0.719\hat{x}_{P_2} - 0.294\hat{y}_{P_2} - 0.003 \\[3mm] v_{s_5} = -\dfrac{\Delta X^0_{P_1P_2}}{S^0_{P_1P_2}}\hat{x}_{P_1} - \dfrac{\Delta Y^0_{P_1P_2}}{S^0_{P_1P_2}}\hat{y}_{P_1} + \dfrac{\Delta X^0_{P_1P_2}}{S^0_{P_1P_2}}\hat{x}_{P_2} + \dfrac{\Delta Y^0_{P_1P_2}}{S^0_{P_1P_2}}\hat{y}_{P_2} - (S_5 - S^0_{P_1P_2}) \\[2mm] \qquad = -\dfrac{280.28}{1231.518}\hat{x}_{P_1} - \dfrac{1199.2}{1231.518}\hat{y}_{P_1} + \dfrac{280.28}{1231.518}\hat{x}_{P_2} + \dfrac{1199.2}{1231.518}\hat{y}_{P_2} - (1231.48 - 1231.518) \\[2mm] \qquad = -0.228\hat{x}_{P_1} - 0.974\hat{y}_{P_1} + 0.228\hat{x}_{P_2} + 0.974\hat{y}_{P_2} - (-0.038) \end{array}\right.$$

即：

$$V = B\hat{x} - l = \begin{bmatrix} -0.952 & 0.031 & 0 & 0 \\ 0 & 0 & -0.452 & 0.892 \\ -0.956 & -0.294 & 0 & 0 \\ 0 & 0 & -0.719 & 0.695 \\ -0.228 & -0.974 & 0.228 & 0.974 \end{bmatrix} \begin{bmatrix} \hat{x}_{P_1} \\ \hat{y}_{P_1} \\ \hat{x}_{P_2} \\ \hat{y}_{P_2} \end{bmatrix} - \begin{bmatrix} 0.066 \\ -0.030 \\ 0.090 \\ 0.003 \\ -0.038 \end{bmatrix}$$

式中：l 的单位为米（m）。

（38）解：由题意知 $n = 6$，$t = 2$，设 P 的坐标为 $(\hat{X}_P, \hat{Y}_P)$，取：

$$\left\{\begin{array}{l} \hat{X}_P = X^0_P + \hat{x}_P = 56\,574.20 + \hat{x}_P \\ \hat{X}_P = Y^0_P + \hat{y}_P = 18\,788.28 + \hat{y}_P \end{array}\right.$$

A、B、C、D 为已知点，P 为待定点，可得各观测角的误差方程为：

$$\begin{cases} v_1 = -\dfrac{\rho''\Delta Y_{BP}^0}{(S_{BP}^0)^2}\hat{x}_P + \dfrac{\rho''\Delta Y_{BP}^0}{(S_{BP}^0)^2}\hat{y}_P - (L_1 - L_1^0) \\[3mm] \qquad = -\dfrac{1003.07\rho''}{(4152.918)^2}\hat{x}_P + \dfrac{4029.96\rho''}{(4152.918)^2}\hat{y}_P - (39°40'03'' - 39°40'44.1'') \\[3mm] \qquad = -11.996\hat{x}_P + 48.197\hat{y}_P - (-9.1) \\[3mm] v_2 = \dfrac{\rho''\Delta Y_{CP}^0}{(S_{CP}^0)^2}\hat{x}_P - \dfrac{\rho''\Delta Y_{CP}^0}{(S_{CP}^0)^2}\hat{y}_P - (L_2 - L_2^0) \\[3mm] \qquad = \dfrac{3436.91\rho''}{(3587.005)^2}\hat{x}_P - \dfrac{-1026.77\rho''}{(3587.005)^2}\hat{y}_P - (47°40'03'' - 47°39'53.0'') \\[3mm] \qquad = 55.097\hat{x}_P + 16.460\hat{y}_P - 10.0 \\[3mm] v_3 = \dfrac{\rho''\Delta Y_{BP}^0}{(S_{BP}^0)^2}\hat{x}_P - \dfrac{\rho''\Delta Y_{BP}^0}{(S_{BP}^0)^2}\hat{y}_P - (L_3 - L_3^0) \\[3mm] \qquad = -\dfrac{1003.07\rho''}{(4152.918)^2}\hat{x}_P - \dfrac{4029.96\rho''}{(4152.918)^2}\hat{y}_P - (57°54'51'' - 57°54'56.5'') \\[3mm] \qquad = 11.996\hat{x}_P - 48.197\hat{y}_P - (-5.5) \\[3mm] v_4 = -\dfrac{\rho''\Delta Y_{AP}^0}{(S_{AP}^0)^2}\hat{x}_P + \dfrac{\rho''\Delta Y_{AP}^0}{(S_{AP}^0)^2}\hat{y}_P - (L_4 - L_4^0) \\[3mm] \qquad = -\dfrac{1424.99\rho''}{(3535.867)^2}\hat{x}_P + \dfrac{3236.01\rho''}{(3535.867)^2}\hat{y}_P - (75°38'59'' - 75°38'57.5'') \\[3mm] \qquad = -55.097\hat{x}_P - 16.460\hat{y}_P - 1.5 \\[3mm] v_5 = -\dfrac{\rho''\Delta Y_{CP}^0}{(S_{CP}^0)^2}\hat{x}_P + \dfrac{\rho''\Delta Y_{CP}^0}{(S_{CP}^0)^2}\hat{y}_P - (L_5 - L_5^0) \\[3mm] \qquad = -\dfrac{3436.91\rho''}{(3587.005)^2}\hat{x}_P - \dfrac{-1026.77\rho''}{(3587.005)^2}\hat{y}_P - (75°38'59'' - 75°38'57.5'') \\[3mm] \qquad = 55.097\hat{x}_P + 16.460\hat{y}_P - 6.5 \\[3mm] v_6 = \dfrac{\rho''\Delta Y_{DP}^0}{(S_{DP}^0)^2}\hat{x}_P - \dfrac{\rho''\Delta Y_{DP}^0}{(S_{DP}^0)^2}\hat{y}_P - (L_6 - L_6^0) \\[3mm] \qquad = \dfrac{1726.02\rho''}{(4242.901)^2}\hat{x}_P - \dfrac{-3875.96\rho''}{(4242.901)^2}\hat{y}_P - (54°59'21'' - 54°59'17.4'') \\[3mm] \qquad = 19.776\hat{x}_P + 44.410\hat{y}_P - 3.6 \end{cases}$$

即:

$$V = B\hat{x} - l = \begin{bmatrix} -11.996 & 48.197 \\ 55.097 & 16.460 \\ 11.996 & -48.197 \\ 23.510 & 53.388 \\ -55.097 & -16.460 \\ 19.776 & 44.410 \end{bmatrix} \begin{bmatrix} \hat{x}_P \\ \hat{x}_P \end{bmatrix} - \begin{bmatrix} -9.1 \\ 10.0 \\ -5.5 \\ 6.5 \\ 1.5 \\ 3.6 \end{bmatrix}$$

式中：l 的单位为角秒（″）。

（39）解：在本题中，$n=8$，$t=5$，$r=3$，可列出 3 个条件方程，则平差值条件方程为：

$$\begin{cases} (\hat{x}_3-\hat{x}_2)^2+(\hat{y}_3-\hat{y}_2)^2+(\hat{x}_2-\hat{x}_1)^2+(\hat{y}_2-\hat{y}_1)^2-(\hat{x}_3-\hat{x}_1)^2-(\hat{y}_3-\hat{y}_1)^2=0 \\ (\hat{x}_2-\hat{x}_1)^2+(\hat{y}_2-\hat{y}_1)^2+(\hat{x}_1-\hat{x}_4)^2+(\hat{y}_1-\hat{y}_4)^2-(\hat{x}_2-\hat{x}_4)^2-(\hat{y}_2-\hat{y}_4)^2=0 \\ (\hat{x}_1-\hat{x}_2)^2+(\hat{y}_1-\hat{y}_2)^2-(\hat{x}_4-\hat{x}_3)^2-(\hat{y}_4-\hat{y}_3)^2=0 \end{cases}$$

进行线性化，组建法方程后，则：

$$K=-N_{aa}^{-1}W=\begin{bmatrix} -0.1371 \\ -0.1235 \\ 0.1307 \end{bmatrix}$$

可得：

$$V=A^TK=\begin{bmatrix} 0.046 & -0.022 & 0.006 & -0.185 & -0.185 & 0.141 & 0.145 & 0.066 \end{bmatrix}^T\text{m}$$

$$\begin{bmatrix} \hat{X}_1 \\ \hat{Y}_1 \\ \hat{X}_2 \\ \hat{Y}_2 \\ \hat{X}_3 \\ \hat{Y}_3 \\ \hat{X}_4 \\ \hat{Y}_4 \end{bmatrix}=\begin{bmatrix} 5690.551 \\ 4817.271 \\ 5689.035 \\ 4824.756 \\ 5682.127 \\ 4823.351 \\ 5683.285 \\ 4815.796 \end{bmatrix}\text{m}$$

将坐标平差值当作新的近似值进一步代入，进行 7 次迭代运算，得到最后的平差值为：

$$\begin{bmatrix} \hat{X}_1 \\ \hat{Y}_1 \\ \hat{X}_2 \\ \hat{Y}_2 \\ \hat{X}_3 \\ \hat{Y}_3 \\ \hat{X}_4 \\ \hat{Y}_4 \end{bmatrix}=\begin{bmatrix} 5690.514 \\ 4817.217 \\ 5689.089 \\ 4824.720 \\ 5681.987 \\ 4823.370 \\ 5683.407 \\ 4815.867 \end{bmatrix}$$

经检验，以上结果满足所有条件方程。

（40）解：参数的协因数为：

$$Q_{\hat{x}\hat{x}}=N_{bb}^{-1}=\begin{bmatrix} 0.001\,647 & 0.000\,156 & 0.000\,972 & 0.000\,556 \\ 0.000\,156 & 0.002\,483 & 0.000\,644 & 0.000\,770 \\ 0.000\,972 & 0.000\,644 & 0.002\,109 & 0.000\,297 \\ 0.000\,556 & 0.000\,770 & 0.000\,297 & 0.002\,671 \end{bmatrix}$$

① P_1 点的误差椭圆参数计算如下：

$$E_{P_1}^2 = \frac{1}{2}\sigma_0^2 \left(Q_{x_1x_1} + Q_{y_1y_1} + \sqrt{(Q_{x_1x_1} - Q_{y_1y_1})^2 + 4Q_{x_1y_1}^2} \right) = 0.001\,607$$

$$F_{P_1}^2 = \frac{1}{2}\sigma_0^2 \left(Q_{x_1x_1} + Q_{y_1y_1} - \sqrt{(Q_{x_1x_1} - Q_{y_1y_1})^2 + 4Q_{x_1y_1}^2} \right) = 0.001\,036$$

则:

$$E_{P_1} = 0.040, \quad F_{P_1} = 0.032$$

$$\tan 2\varphi_{E_1} = \frac{2Q_{x_1y_1}}{Q_{x_1x_1} - Q_{y_1y_1}} = -0.373\,206$$

$$\varphi_{E_1} = 79°46'$$

② P_2 点的误差椭圆参数计算如下。同①中的算法,得:

$$E_{P_2} = 0.042, \quad F_{P_2} = 0.036$$

$$\tan 2\varphi_{E_2} = \frac{2Q_{x_2y_2}}{Q_{x_2x_2} - Q_{y_2y_2}} = -1.056\,940$$

$$\varphi_{E_2} = 66°42'$$

③ P_1 与 P_2 点间相对误差椭圆参数的计算如下:

$$Q_{\Delta x \Delta x} = Q_{x_1x_1} + Q_{x_2x_2} - 2Q_{x_1x_2} = 0.001\,812$$

$$Q_{\Delta y \Delta y} = Q_{y_1y_1} + Q_{y_2y_2} - 2Q_{y_1y_2} = 0.003\,615$$

$$Q_{\Delta x \Delta y} = Q_{x_1y_1} + Q_{x_2y_2} - 2Q_{x_2y_1} + Q_{x_2y_2} = -0.000\,747$$

则:

$$E_{P_1P_2}^2 = 0.002\,486, \quad E_{P_1P_2} = 0.050$$

$$F_{P_1P_2}^2 = 0.000\,987, \quad F_{P_1P_2} = 0.031$$

$$\tan 2\varphi_{E_{P_1P_2}} = \frac{2Q_{\Delta x \Delta y}}{Q_{\Delta x \Delta x} - Q_{\Delta y \Delta y}} = 0.828\,619$$

$$\varphi_{E_{P_1P_2}} = 109°49'$$

参 考 文 献

［1］高士纯，于正林．测量平差基础习题集［M］．北京：测绘出版社，1982.

［2］葛永慧，夏春林，魏峰远，等．测量平差基础［M］．北京：煤炭工业出版社，2007.

［3］纪奕君．测量平差［M］．北京：煤炭工业出版社，2007.

［4］靳祥升．测量平差［M］．郑州：黄河水利出版社，2005.

［5］牛志宏．测量平差［M］．北京：中国电力出版社，2007.

［6］同济大学大地测量教研室，武汉测绘科技大学控制测量教研室．控制测量学［M］．北京：测绘出版社，1988.

［7］陶本藻．自由网平差与变形分析［M］．武汉：武汉测绘科技大学出版社，2001.

［8］武汉大学测绘学院测量平差学科组．误差理论与测量平差基础［M］．武汉：武汉大学出版社，2003.

［9］邢永昌，张奉举．矿区控制测量［M］．北京：煤炭工业出版，1987.

［10］徐绍铨，张华海，杨志强，等.GPS测量原理及应用［M］.武汉：武汉测绘科技大学出版社，1998.

［11］聂俊兵．测量平差［M］．北京：测绘出版社，2010.